无机及分析化学实验

主　编：黄方志
副主编：董华泽　凌　波
　　　　杨　捷
编　委：李　丹　黄建炎
　　　　陈　琛　谢　冬

北京师范大学出版集团
BEIJING NORMAL UNIVERSITY PUBLISHING GROUP
安徽大学出版社

图书在版编目(CIP)数据

无机及分析化学实验/黄方志主编. —合肥:安徽大学出版社,2015.8(2025.2 重印)

ISBN 978-7-5664-0989-8

Ⅰ. ①无… Ⅱ. ①黄… Ⅲ. ①无机化学—化学实验②分析化学—化学实验 Ⅳ. ①O61—33②O65—33

中国版本图书馆 CIP 数据核字(2015)第 175610 号

无机及分析化学实验 黄方志 主编

出版发行: 北京师范大学出版集团
安 徽 大 学 出 版 社
(安徽省合肥市肥西路 3 号 邮编 230039)
www.bnupg.com
www.ahupress.com.cn

印　　刷: 合肥图腾数字快印有限公司
经　　销: 全国新华书店
开　　本: 787 mm×1092 mm 1/16
印　　张: 7.75
字　　数: 123 千字
版　　次: 2015 年 8 月第 1 版
印　　次: 2025 年 2 月第 9 次印刷
定　　价: 20.00 元
ISBN 978-7-5664-0989-8

策划编辑: 李　梅　武溪溪　　**装帧设计:** 李　军
责任编辑: 武溪溪　李　栎　　**美术编辑:** 李　军
责任校对: 程中业　　**责任印制:** 赵明炎

前　言

化学实验课程是本科阶段化学教学的重要组成部分，是理论与实际应用间的桥梁。通过实验课程的学习，不仅可以巩固理论课知识，促进学生对知识的理解，更能提高学生的学习能力，培养科学素养。

“无机及分析化学实验”是既面向化学化工类理工科学生，又面向涉及化学现象的其他学科，如生物学、环境科学、地质学等专业学生的一门公共基础实验课程。“无机及分析化学实验”作为大学化学实验的第一门课程，在整个化学实验教学中承担着培养学生良好的实验技能和基本实验素质的重要作用。

在教材内容的编写上，我们在兼顾基础的同时，更注重对学生能力的培养。除了经典的无机及分析化学实验，我们还设计了一些应用性、综合性的实验，期望通过这门实验课程的学习，不仅可以培养学生的基本实验技能，而且能培养学生严谨求实的科学作风和独立思考能力。

本教材分为六章，第一章和第二章为基础知识及基本操作，第三章至第六章为实验内容，分别为无机化合物的制备与提纯实验、元素性质与化学原理实验、定量分析化学实验、综合与设计性化学实验。

本教材的编者包括安徽大学的黄方志、杨捷、李丹、黄建炎和合肥师范学院的董华泽、凌波、谢冬、陈琛，由黄方志负责统稿。在编写过程中，安徽大学化学化工学院和实验中心的各位老师提出了宝贵的修改意见，在此表示感谢！

安徽大学对本教材的编写提供了经费支持，同时，本教材的出版还得到了安徽大学出版社的鼎力相助，我们在此表示衷心的谢意。对于教材中涉及的无法追溯参考引用来源的内容，我们在此对原作者一并表示由衷的感谢。

由于编者水平有限，教材中难免有疏漏、欠妥之处，敬请广大读者批评指正。

编　者

2015 年 8 月

目 录

第一章　化学实验基础知识

第二章　基本实验仪器及操作

第三章 无机化合物的制备与提纯实验

第四章 元素性质与化学原理实验

第五章 定量分析化学实验

第六章 综合与设计性化学实验

附 录

第一章　化学实验基础知识

第一节　实验目的

化学是一门实验科学，化学实验是进行化学研究的最基本手段，对化学理论的建立、验证和发展起着不可替代的推动作用。以实验为手段培养学生的动手能力是化学专业的显著特征，通过实验，不仅可以促进学生更好的理解、巩固理论知识，更能提高学生观察、分析和解决问题的能力，提高学生对化学学科的学习兴趣。通过对基础化学实验的学习，需达到以下目的：

(1)掌握常用实验仪器的使用方法。

(2)掌握基本实验操作和基本技能。

(3)掌握无机物的一般分离、提纯、制备和检验的方法。

(4)掌握滴定分析的方法、步骤，准确判断终点；建立严格“量”的概念，学会正确处理实验结果。

(5)养成严谨的科学态度，实事求是。

(6)培养独立工作和思考能力。

第二节　学习方法

为了更好地达到学习实验课程的目的，学生在学习的过程中，不仅要有正确的学习态度，还需要培养良好的学习习惯，遵循一定的学习方法。在学习过程中，要抓好以下 3 个环节。

(1)预习。预习是实验的准备阶段,必不可少,为了达到实验教学所预期的效果,学生需提前做好预习工作,查阅相关资料,写好预习报告,对实验做到"心中有数",避免边做边翻书的"照方抓药"模式。

(2)实验。实验是实验课程的中心环节,是培养学生的动手能力,提高学生观察、分析和解决问题能力的关键。为取得好的实验结果,学生需要严格遵守实验室规章制度,认真操作,细心地观察实验现象,如实记录实验原始数据。实验原始数据是第一手资料,不可随意涂改,学生遇到问题或反常现象时要认真分析,并积极与老师、同学讨论。此外,学生应注意节约药品、水、电,爱护仪器设备,保持实验室的干净、整洁等。

(3)实验报告。实验结束要及时总结,完整地书写好一份实验报告。实验报告的内容包括实验目的、实验原理、实验步骤、数据的处理和分析讨论。实验报告是培养学生严谨的科学态度,提升能力的重要措施,应认真对待。实验报告的书写应做到格式正确、字迹端正、简明扼要。

无机及分析化学实验可分为制备实验、定量测定实验、定性实验和性质实验4种类型。下面是各类实验报告的格式举例。

一、制备实验

硫酸亚铁铵的制备

【实验目的】

(1)练习水浴加热、常压过滤和减压过滤等基本操作。

(2)了解复盐的一般特性和制备方法。

【实验原理】

亚铁盐在空气中易被氧化,将之转化为复盐硫酸亚铁铵后可稳定存在。硫酸亚铁铵又称"摩尔盐",是浅绿色单斜晶体,不易被氧化,溶于水,但不溶于乙醇。

$$Fe + H_2SO_4 = FeSO_4 + H_2\uparrow$$

$$FeSO_4 + (NH_4)_2SO_4 + 6H_2O = FeSO_4\cdot(NH_4)_2SO_4\cdot 6H_2O$$

复盐的一般特性:释放简单盐类所能释放的所有离子;溶解度小于组成它的

任一简单组分。

【实验步骤】

(1)$FeSO_4$溶液的制备。

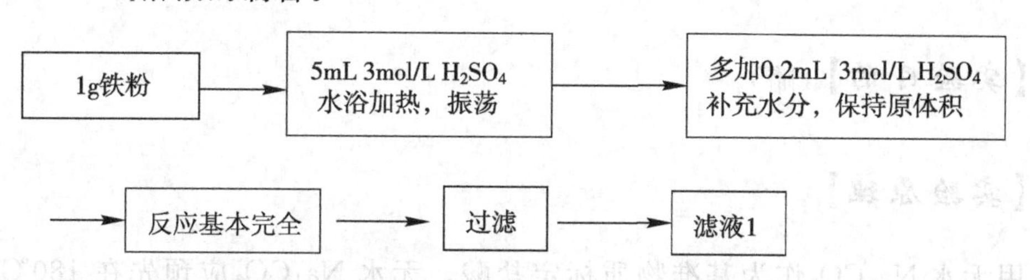

(2)$(NH_4)_2SO_4$饱和溶液的制备。

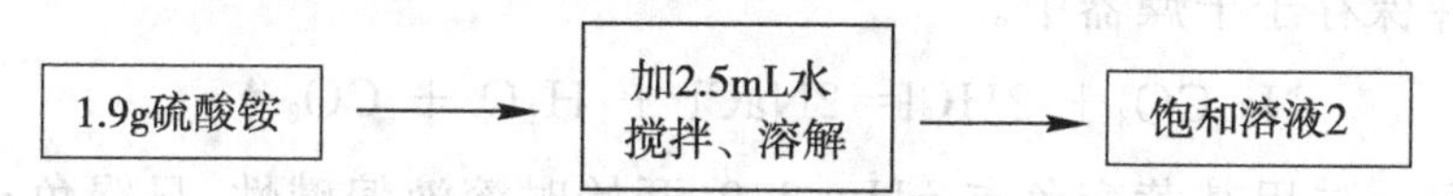

(3) $(NH_4)_2Fe(SO_4)_2 \cdot 6H_2O$ 晶体的制备。

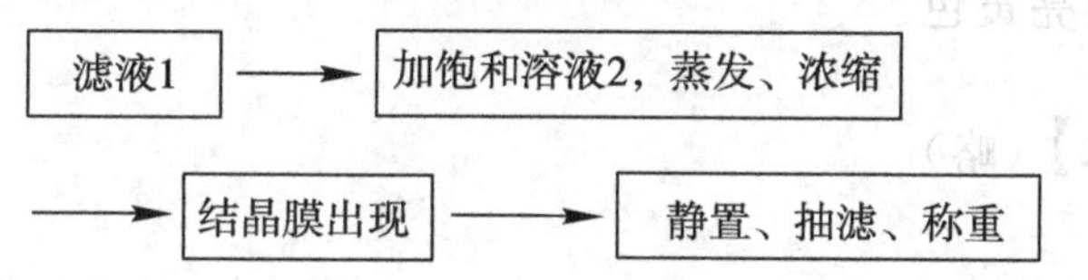

【实验原始数据记录】

(1)实验现象(略)。

(2)产量(略)。

【实验结果与讨论】

铁粉、硫酸均过量，理论产量按$(NH_4)_2SO_4$计算。

$(NH_4)_2Fe(SO_4)_2 \cdot 6H_2O$ 的质量：

$$m = \left(\frac{1.9}{132.14}\right) \times 392.14\text{g} = 5.64\text{g}$$

$$产率 = \frac{实际产量}{理论产量} \times 100\%$$

二、定量测定实验

盐酸标准溶液的配制与标定

【实验目的】(略)

【实验原理】

用无水 Na_2CO_3 作为基准物质标定盐酸。无水 Na_2CO_3 应预先在 180℃条件下充分干燥并保存于干燥器中。

$$Na_2CO_3 + 2HCl = 2NaCl + H_2O + CO_2\uparrow$$

溴甲酚绿－二甲基黄变色点 pH＝3.9，开始时溶液偏碱性，显绿色；终点时溶液为酸性，突变为亮黄色。

【实验步骤】(略)

【实验原始数据记录】

表 1-1　实验原始数据记录表 1

记录项目＼序次	Ⅰ	Ⅱ	Ⅲ
$m(Na_2CO_3)$/g			
HCl(滴定管初读数)/mL			
HCl(滴定管终读数)/mL			

【实验结果与讨论】(略)

表 1-2　实验数据统计分析表

记录项目＼序次	Ⅰ	Ⅱ	Ⅲ
$m(Na_2CO_3)$/g			
HCl(滴定管初读数)/mL			

续表

记录项目 \ 序次	Ⅰ	Ⅱ	Ⅲ
HCl(滴定管终读数)/mL			
V(HCl)/mL			
c (HCl)/mol·L^{-1}			
$\bar{c}$ (HCl)/mol·L^{-1}			
绝对偏差 d_i			
平均偏差 $\overline{d}$			
相对平均偏差 $\overline{d_r}$			

三、定性实验

详见实验七(碱金属、碱土金属)。

四、性质实验

氯化铵生成焓的测定

【实验目的】(略)

【实验原理】(略)

【实验步骤】(略)

【实验原始数据记录】

表 1-3　实验原始数据记录表 2

时间＼实验		C 的测定	中和反应	溶解反应
反应前	0			
	30s			
	60s			
	⋮			
	270s			
	300s			
反应	0			
	30s			
	60s			
	⋮			
达到最大值后	0			
	30s			
	60s			
	⋮			
	270s			
	300s			

【实验结果与讨论】（略）

第三节　实验室学生守则

(1)不迟到、不早退，不无故缺席，不喧闹谈笑，不做与实验无关的事情。

(2)实验前认真做好预习工作，写好预习报告，阅读和思考每一项实验任务。

(3)书包不可带入实验室，统一放在存包处；实验前清理实验台上不必要的

物品。

(4)实验一开始就要注意安全,一定要穿实验服、戴防护眼镜。

(5)实验过程中要按照要求规范操作,如实做好实验数据记录,废纸、废品和废液严禁丢入或倒入水槽,以免堵塞和腐蚀管道,实验中的废弃物应按规定放到指定的废物桶或废液缸中。

(6)实验结束后,必须将玻璃仪器洗涤干净,放回原处;将药品和防护眼镜放回指定的位置。

(7)注意节约水、电和药品;离开实验室前,关闭水龙头、断电。

(8)实验用品一律不得擅自带出实验室。

第四节 实验室安全守则

(1)实验室内禁止饮食、吸烟,实验结束后要及时洗手。

(2)熟悉实验环境,了解急救箱、消防用品的位置及使用方法。

(3)使用电器设备时,不可用潮湿的手去开启电闸或电器开关,防止触电。

(4)绝不允许随意混合各种化学药品,以免发生意外。

(5)一切有毒和有刺激性气体的实验,都要在通风橱中进行;切勿直接俯视容器中正在反应或加热的液体,也不可将正在加热的试管口对着自己或他人。

(6)使用强酸、强碱等腐蚀性的试剂时要当心,切勿溅到皮肤或衣物上,尤其注意不要溅到眼睛里,操作过程要佩戴防护眼镜。

第五节 实验事故的处理

在实验过程中,要严格遵守实验室规章制度,坚持安全第一、预防为主。如果不慎发生意外,重伤者要立即送到医院治疗,轻伤者可采取如下措施进行处理:

(1)烫伤。轻度烫伤可在伤处涂敷烫伤膏等。

(2)割伤。轻微的划伤,可直接在伤口处涂抹外伤药。若伤口内有玻璃碎片或污物,应先将其取出,洗净伤口,并用3% H_2O_2消毒,然后涂上外伤药并用绷带包扎。

(3)灼伤。酸或碱灼伤要先立即用大量水冲洗,然后用饱和的$NaHCO_3$溶液或2%硼酸溶液冲洗,最后用水冲洗,送医院诊治。

(4)吸入刺激性或有毒气体。吸入者应立即到室外呼吸新鲜空气。

(5)失火。有机试剂引起的火,应立即用湿布或沙子等扑灭,也可用四氯化碳灭火器或二氧化碳泡沫灭火器灭火,但不可用水扑救。如遇电气设备着火,应先拉下电闸,并用四氯化碳灭火器灭火,也可用干粉灭火器灭火。

(6)触电。立即切断电源,必要时对触电者进行人工呼吸。

第六节　实验中的误差来源

在实验过程中,由于受分析方法、测量仪器、试剂和实验者的主观因素等方面的限制,使得测定结果不可能与真实值完全一致。即使是同一个人在相同的条件下多次进行相同实验,所得结果也不会完全相同。这表明误差是客观存在、不可避免的。因此,我们需要了解和分析实验过程中误差产生的原因及规律,以便采取相应的措施减小误差,提高分析结果的准确性。

误差产生的原因很多。根据误差的种类、性质以及产生的原因,可将误差分为系统误差、随机误差和过失误差3种。

(1)系统误差。系统误差是指在分析过程中由于某些固定的原因所造成的恒定偏差,或者偏大或者偏小,具有单向性和重复性的特点。引起系统误差的原因很多,可分为仪器误差、方法误差、试剂误差以及主观误差等。

①仪器误差。仪器误差是由于仪器本身不够完善而造成的误差,如天平的两臂不等,砝码、滴定管等的不确定性等。

②方法误差。方法误差是由于采用近似计算公式、近似测量方法等而引起的误差,如在滴定分析中,反应进行不完全,干扰离子的影响,滴定终点和化学计量点的不符,以及其他副反应的发生等。

③试剂误差。试剂误差是指由于试剂不纯,包括所用的水不合规格而造成的误差。

④主观误差。主观误差是指由于操作人员主观原因而造成的误差。如对滴

定终点颜色的辨别，有人偏深，有人偏浅。

由此可见，系统误差是由某些比较确定的因素引起的，对测定结果的影响是恒定的，会在同样条件下的重复测量中重复出现。理论上，只要找到原因，系统误差是可以消除的。在实际操作过程中，我们可以通过改进实验方法、校正仪器、提高试剂纯度等措施来减小系统误差。

(2)偶然误差。偶然误差又称“随机误差”，是由某些随机的、偶然的原因造成的。如在读取滴定管读数时，估计小数点后第二位数值，几次读数不一致。偶然误差对实验结果的影响是无规律可循的，有时大有时小，有时正有时负，通常可以采用“多次测量，取平均值”的方法来减小偶然误差。

(3)过失误差。过失误差是指由于操作者的过失或差错而造成测量数据有很大误差。比如说看错砝码、读错读数、加错试剂等，这些都是操作者的疏忽造成的，是不应有的误差，在实验中必须避免。

第七节　准确度和精密度

实验结果的好坏通常用准确度和精密度来衡量。

准确度是指分析结果和真实值的接近程度。结果与真实值之间的差别越小，则分析结果的准确度越高。准确度的高低用误差来衡量，可分别用绝对误差和相对误差来表示。绝对误差是指测量值与真实值之间的差值；相对误差是指绝对误差与真实值的比值。

$$\text{绝对误差 } E = \text{测量值} - \text{真实值}$$

$$\text{相对误差 } E_r = \frac{\text{绝对误差 } E}{\text{真实值}} \times 100\%$$

绝对误差和相对误差都有正负值，正值表示分析结果偏高，负值表示分析结果偏低。一般用相对误差来反映测定值与真实值之间的偏离程度(即测量的准确度)，比用绝对误差更合理。

精密度是指多次平行测定结果相互接近的程度，精密度高表示结果的重现性好。精密度的高低用偏差来衡量。通常被测量事物的真实值很难准确知道，在实际工作中，往往通过在同样的条件下进行多次平行测定，然后取平均值，用平均值代替真实值。单次测量的结果与平均值之间的差值就是偏差。偏差有绝对偏差和相对偏差之分，此外，还有平均偏差和相对平均偏差等，其中，相对平均偏差是分析中常用的一种偏差表示方法。

绝对偏差 d_i = 测定值 x_i − 平均值 $\overline{x}$

$$相对偏差\ d_{ri} = \frac{绝对偏差\ d_i}{平均值\ \overline{x}} \times 100\%$$

$$平均偏差\ \overline{d} = \frac{1}{n}\sum_{i=1}^{n}|d_i|$$

$$相对平均偏差\ \overline{d_r} = \frac{\frac{1}{n}\sum_{i=1}^{n}|d_i|}{\overline{x}} \times 100\%$$

在同一组测量中，精密度很高，准确度不一定很好；但若准确度好，则精密度一定高。

第八节 有效数字及运算规则

在分析化学实验中，常常涉及大量的数据记录及处理工作。为了得到准确的分析结果，不仅需要准确测量，还需要正确地记录和运算。数据的记录要规范，因为所记录的数据不仅表示了测量结果的数值大小，也反映了测量仪器的精确程度，如滴定管的数据记录为 21.25mL，容量瓶的体积记录为 250.0mL，电子台称的数据记录为 1.8g，电子分析天平的数据记录为 1.8235g。

1. 有效数字及有效数字的位数确定

有效数字是指在分析工作中实际能够测量到的数字，包括最后一位估计的、不确定的数字。如在读取滴定管数值“21.25mL”时，“21.2”是由刻度直接读出的，是准确的，而“0.05”是肉眼估计的，不同的人估读值可能会不一样，这部分是可疑值。

判断有效数字的位数时，应特别注意区别“0”是不是有效数字，当整数部分是“0”时，紧随在小数点后面的“0”是用来定位的，并不作为有效数字，也就是说左边第一个非零数字之前的所有“0”都是非有效数字，如“0.0012g”中的 3 个“0”都不是

有效数字，它的有效数字位数为 2。位于第一个非零数字右边的“0”都是有效数字，如“0.1002g”的有效数字位数为 4。又如，“460g”的“0”很难说是不是有效数字，最好用指数来表示：若写成“4.60×10^2 g”，则有效数字位数为 3；若写成“4.6×10^2 g”，则有效数字位数为 2。

pH、pM、lgK 等对数值，有效数字的位数取决于小数点后的位数，因为整数部分仅仅代表指数的方次。如 pH＝8.30，相当于$[H^+]=5.0\times10^{-9}$ mol/L，有效数字位数为 2。

2. 有效数字的修约规则

在运算过程中，需按照一定的规则对有效数字进行修约。其原则如下：

(1)四舍六入五成双。数字中被修约数≤4 时，直接舍弃；≥6 时，进一位；等于 5 时，若 5 后面没有数字或者后面数字全部为 0，那么修约时看 5 前面数字——若前面数字为偶数，则 5 直接舍掉；若前面数字为奇数，则进一位；若 5 后面还有不为 0 的数字，那么不论 5 前面数字是奇数还是偶数，都直接进 1 位。

例如：将如下数据修约为 3 位有效数字。

2.162→2.16

2.168→2.17

3.275→3.28，3.265→3.26

3.2652→3.27

(2)所有数据修约时，都是一次性修约到所需位数，不可分次修约。

例如：将如下数据修约为 3 位有效数字。

5.2146→5.21(正确)

5.2146→5.215→5.22(错误)

3. 有效数字的运算

(1)加减法运算。几个数据相加或相减时，有效数字的保留应以各数据中小数点后面位数最少的一个数字为依据(绝对误差最大)。

例如：将 2.56，15.786 及 0.2576 这 4 个数字相加，因为小数点后位数最少的数字是 2.56，所以应以其为依据，分别将另外 2 个数字修为 15.79，0.26，那么结果为：

2.56＋15.79＋0.26＝18.61

(2)乘除法运算。在乘除法运算中，按照有效位数最少的(相对误差最大)那个数字来确定有效数字的位数。

例如：$\frac{17.3146 \times 0.0127}{15.91} \approx \frac{17.3 \times 0.0127}{15.9} = 0.138$

注意：在乘除法运算中，若某数字的首位数字是8或9，那么计算该数字的有效数字位数时可多计算一位，如8.27在进行乘除运算时可看作4位有效数字。

第二章　基本实验仪器及基本操作

第一节　玻璃仪器的洗涤和干燥

基础化学实验仪器大多数是玻璃仪器，洗涤玻璃仪器不仅仅是实验前的一项准备工作，还关乎着实验的成败、结果的好坏。因此，玻璃仪器的洗涤是一个重要环节。洗涤玻璃仪器的方法很多，通常根据实验的要求、粘附物的种类性质来选择不同的洗涤方法。玻璃仪器洗净的标准是：用水冲洗后倒置时，水沿仪器内壁自然流下，不附着水珠。否则，说明仪器未洗干净，需要进一步清洗。

一、玻璃仪器的洗涤

玻璃仪器可分为非计量玻璃仪器和计量玻璃仪器。

1. 非计量玻璃仪器的洗涤

对于试管、烧杯、锥形瓶等一般玻璃仪器，可先用自来水冲洗表面的可溶性物质和灰尘，然后用毛刷蘸取少量的洗涤剂刷洗，再用自来水冲洗仪器内壁，最后用蒸馏水（或去离子水）润洗 3 次。

2. 计量玻璃仪器的洗涤

与计量有关的玻璃仪器，如容量瓶，移液管，滴定管等，不能用毛刷刷洗，以免内壁被磨损而影响仪器容积的准确性，也不宜用强碱性的洗涤剂来洗涤。对于自来水无法洗去的污物，常用洗液来进行洗涤。

常用的铬酸洗液是重铬酸钾在浓硫酸中的饱和溶液，可按下述方法配置：将 25g $K_2Cr_2O_7$ 固体溶于 50mL 蒸馏水中，冷却后向溶液中慢慢加入 450mL 浓硫酸，冷却后储存在试剂瓶中。尽管铬酸洗液具有很强的氧化能力，而且对玻璃的腐蚀性极小，但是因六价铬对环境有污染，对人体有害，故不宜多用。必须使用铬酸洗液时，可往内壁干燥的容器内倒入洗液，浸泡后将洗液小心地倒回原瓶中，循环使用。现在有人用王水洗涤玻璃仪器，效果很好，但王水不稳定，需现配先用。

注意：新购买的玻璃仪器表面常附着游离的碱性物质，可先用0.5%浓度的去污剂洗刷，再用自来水洗净，然后浸泡在1%～2%盐酸溶液中过夜（不可少于4h），再用自来水冲洗，最后用蒸馏水冲洗3次，在100～120℃烘箱内烘干备用。

二、玻璃仪器的干燥

有些仪器洗净后就可直接用来做实验，但是有的实验需要使用干燥的器皿，此时可根据不同情况，采用不同方法将洗净的仪器干燥。

1. 晾干

在化学实验中，应尽量采用晾干法使仪器干燥。仪器洗净后，先尽量倒净其中的水滴，然后晾干。例如：烧杯可倒置于柜子内；蒸馏烧瓶、锥形瓶和量筒等可倒套在试管架的小木桩上；冷凝管可用夹子夹住，竖放在柜子里，放置一两天，仪器就晾干了。应该有计划地利用实验中的零星时间，把下次实验需要使用的仪器洗净并晾干，这样在做下一个实验时，就可以节省很多时间。

2. 烘干

一般用带鼓风机的电烘箱进行烘干，烘箱温度保持在100～120℃。鼓风可以加速仪器的干燥。仪器放入烘箱前要尽量倒净其中的水，且应口应朝上放置。若使仪器口朝下烘干，从仪器内流出来的水珠滴到已烘热的仪器上，往往易引起后者炸裂。用坩埚钳把已烘干的仪器取出来，放在石棉板上冷却，注意别让烘得很热的仪器骤然碰到冷水或冷的金属表面，以免炸裂。厚壁仪器如量筒、吸滤瓶、冷凝管等，不宜在烘箱中烘干。分液漏斗和滴液漏斗，则必须在拔去盖子和旋塞并除去油脂后，才能放入烘箱烘干。

3. 吹干

在洗净仪器后，先将仪器内残留的水分除尽，然后把仪器套到气流干燥器的多孔金属管上，要注意调节热空气的温度。气流干燥器不宜长时间连续使用，否则，易烧坏电机和电热丝。

4.用有机溶剂干燥

体积小的仪器急需干燥时，可采用此法。洗净的仪器先用少量酒精洗涤3次，再用少量丙酮洗涤，最后用压缩空气或用吹风机（不必加热）把仪器吹干。用过的溶剂应倒入回收瓶中。

第二节　常用玻璃量器的使用

一、量筒

量筒是化学实验中最常用来量取液体体积的仪器，可以根据不同的需要来选择不同的规格，如量取8.0mL液体，若使用100mL量筒量取，那么至少有±1mL的误差，为了提高准确度，应使用10mL量筒，此时测量误差可降低到±0.1mL。读数时，眼睛要平视，使视线与量筒内液面的最低点处于同一水平线上。量筒中不可放入高温液体，也不能用来稀释浓硫酸等。

二、移液管和吸量管

移液管和吸量管都是准确量取一定量液体的量器。移液管中间膨大，两端细长，管颈上部刻有一圈标线，使管中弯月面与移液管标线相切，让溶液按一定的方法自由流出，则流出的体积与管上标明体积相同，常用的有10mL、25mL、50mL等规格。吸量管是具有分刻度的玻璃管，一般只用于量取小体积的溶液。常用的吸量管有1mL、2mL、5mL、10mL等规格。移液管只能量取管上标明的体积的液体，而吸量管类似于量筒，可以量取量程内的任意体积液体，也可以根据不同的需要来选择不同规格的吸量管。

移液管和吸量管在使用过程中应遵循如下步骤。

1.洗涤和润洗

移液管和吸量管在使用前要充分洗涤（必要时可用铬酸洗液洗涤），使其内壁及下端的外壁均不挂水珠，洗净后用蒸馏水润洗3次。具体洗涤方法是：用左手持洗耳球，左手食指放在洗耳球的上方，其余手指自然地握住洗耳球；用右手的拇指和中指拿住移液管或吸量管标线以上的部分，无名指和小指辅助拿住移液管，将洗耳球对准移液管口，如图 2-1、图 2-2 所示，将管尖伸入蒸馏水或洗液中吸取，待液体至球部的 1/4 处时，用右手食指按住管口，取出后把管横放，左右两手的拇指和食指分别拿住管的上下两端，转动管子使液体布满全管，然后直立，将液体放出。

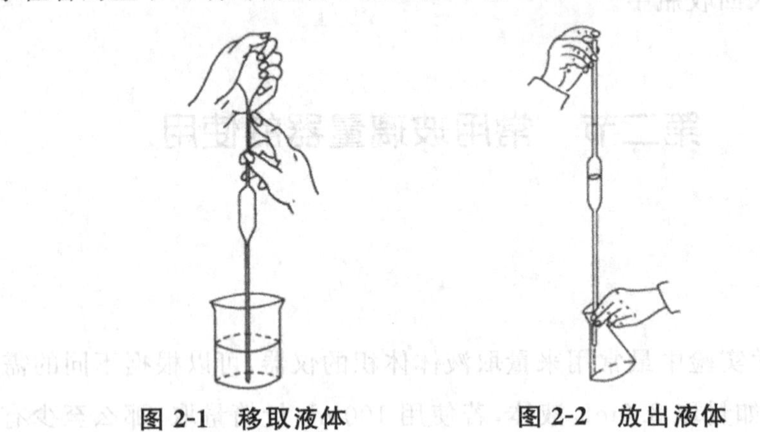

图 2-1　移取液体　　**图 2-2　放出液体**

2. 溶液的移取

用蒸馏水润洗后的移液管或吸量管在移取溶液之前，应先用待移取溶液将管内壁润洗 3 次，以确保所移取溶液的浓度不变，润洗方法同上。润洗好之后，把管下部尖端插入溶液中，管尖不应伸入太浅，以免液面下降后造成吸空；也不应伸入太深，以免移液管外部附有过多溶液。用洗耳球把溶液吸至标线以上，移去洗耳球，迅速用右手食指按住管口，左手改拿盛放待吸液的容器，将管子提离液面，使容器倾斜 45°，并将管的下端沿盛放待吸液的容器内部轻转两圈，然后微动食指，使管内液面平稳下降，直至溶液的弯月面与标线相切时（平视），立即用食指压紧管口。移出移液管或吸量管，插入承接溶液的容器内（如锥形瓶，容器倾斜 45°），管子尖端紧靠容器内壁，松开食指，让液体自然流出，如图 2-2 所示。待液体不再流出时，等 15s 左右，移出移液管。此时，管内尖端处尚留有少量液体，除特别注明“吹”字外，一般此尖端的溶液不能用洗耳球吹入承接溶液的容器中，因为仪器在校准时已将此部分考虑在内。移液管和吸量管使用完毕后应立即用水洗净，放在管架上。

三、容量瓶

容量瓶是一种具塞磨口的细颈梨形的平底玻璃瓶，瓶塞和瓶口一一对应，不

可弄混。颈上标示刻度线，一般表示在 20℃时液体充满标示刻度线时的容积。容量瓶主要用来配置准确浓度的溶液，或者将浓溶液准确稀释成一定浓度的稀溶液，常和电子分析天平、移液管配合使用，有 10mL、25mL、50mL、100mL、250mL、500mL 和 1 000mL 等规格。

容量瓶在使用之前要先检漏，具体方法是：加入自来水至刻度线附近，塞紧瓶塞，用右手食指顶住瓶塞，左手五指托住瓶底，将其倒立 2min，如不漏水，将瓶直立并 180°旋转瓶塞，再次倒立，检查是否漏水。若 2 次操作容量瓶瓶塞周围皆无水漏出，即表明容量瓶不漏水。

容量瓶同样也需要洗涤至不挂水珠。洗涤容量瓶时，先用自来水洗几次至不挂水珠（必要时可用洗液洗涤），再用蒸馏水润洗 3 次，备用。

用容量瓶配置溶液时，最常用的方法是将称量的待溶物至于小烧杯中，加溶剂将固体溶解，然后将溶液定量转移到容量瓶中。转移时，右手拿玻璃棒，左手拿烧杯，使烧杯嘴紧靠玻璃棒，玻璃棒下端靠在容量瓶颈内壁上，注意不要让玻璃棒其他部位触及容量瓶，以防液体流到容量瓶外壁上。缓慢倾斜烧杯，让溶液顺着玻璃棒缓缓流下，如图 2-3 所示。倾倒完溶液后，将烧杯顺着玻璃棒轻轻上提，使附着在玻璃棒和烧杯嘴之间的液滴回流到烧杯中，然后用少量溶剂洗涤玻璃棒和烧杯 3～4 次，洗涤液按相同的方法定量转移至容量瓶中。加溶剂至容量瓶容量约 3/4 时，水平方向摇动容量瓶，使溶液初步混匀，继续加入溶剂至液面接近标线（1～2cm）时，改用滴管逐滴加到标线处（平视）。盖好瓶塞，用左手食指按住塞子，其余手指拿住瓶颈标线以上部位，右手的全部指尖托住瓶底边缘，如图 2-4 所示。然后将容量瓶倒转，使气泡上升至顶部，振摇，混匀溶液，如此重复操作 10 次左右。

注意：一般情况下，当加溶剂超过刻度线后，应重做。

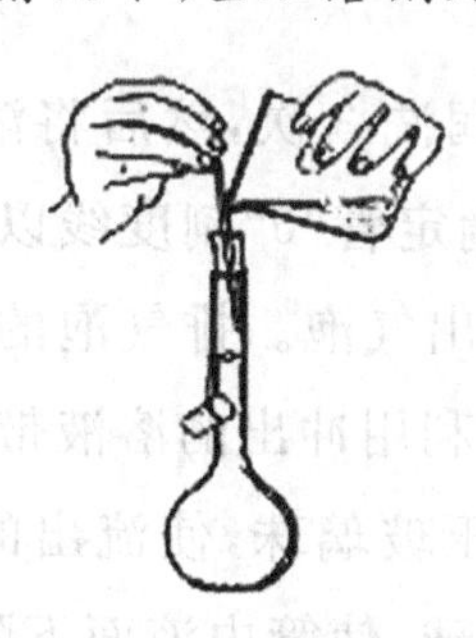

图 2-3 转移溶液的操作

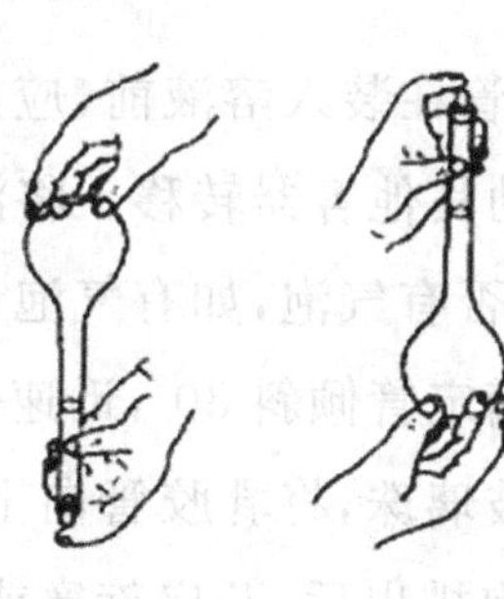

图 2-4 混合溶液的操作

四、滴定管

滴定管是滴定操作时可准确测量滴定剂体积的玻璃量器。常量分析中最常用的是容积为 50mL 的滴定管。滴定管分为酸式滴定管和碱式滴定管。酸式滴定管由旋塞控制其流出溶液，用于盛装酸性溶液、氧化性溶液（如 $KMnO_4$、I_2 等）以及盐类的稀溶液，不宜盛装碱性溶液。碱式滴定管由乳胶管中的玻璃珠控制溶液的流出，用来盛装碱性溶液。新型滴定管以聚四氟乙烯塑料作为旋塞，耐酸、耐碱、耐腐蚀，可以用来盛装几乎所有的分析试剂，并且此类滴定管无需涂抹凡士林。见光易分解的溶液需盛装于棕色滴定管中。

1. 检查与洗涤

滴定管在使用之前，应先用自来水检查是否漏水、转动是否灵活。酸式滴定管在初次使用或者漏水、转动不灵活的情况下，应涂凡士林，具体操作：先将旋塞取下，洗净后用滤纸将水吸干，然后在旋塞表面涂上薄薄的一层凡士林，注意不要堵住孔塞，把旋塞装好，向同一方向不断转动旋塞，直至旋塞与塞槽接触处呈透明状为止。当旋塞孔或出口尖嘴被凡士林堵塞时，可在滴定管充满水后，将活塞打开，用洗耳球在滴定管上部挤压、鼓气，可将凡士林排出。使用碱式滴定管时，应检查乳胶管中的玻璃球是否合适，玻璃球太小容易漏液，太大则不易操作。聚四氟乙烯滴定管外形与酸式滴定管相似，但是此类滴定管不用涂凡士林，若漏液可通过转动旋塞一端的旋钮来调节，调至不漏液即可。

滴定管在使用前要充分洗涤，首先用自来水冲洗至内壁不挂水珠（必要时可用铬酸洗液洗涤），然后用蒸馏水润洗 3 次，每次 10～15mL。

2. 装液

洗净的滴定管在装入溶液前，应用该溶液润洗 3 次，然后将溶液直接注入滴定管中，不得借助其他容器转移。将溶液加至滴定管“0”刻度线以上，检查滴定管下端的出管口是否有气泡，如有气泡，一定要排出气泡。排气泡的具体方法：对于酸式滴定管，将滴定管倾斜 30°，迅速打开旋塞，利用冲出的溶液带走气泡；对于碱式滴定管，捏住玻璃珠，将乳胶管向上弯曲，挤压玻璃珠，使流出的溶液带出气泡（图 2-5）。待气泡排出后，开启旋塞或挤压玻璃球，使管内液面下降至“0”刻度线。原四氟乙烯滴定管排气泡方法同酸式滴定管。

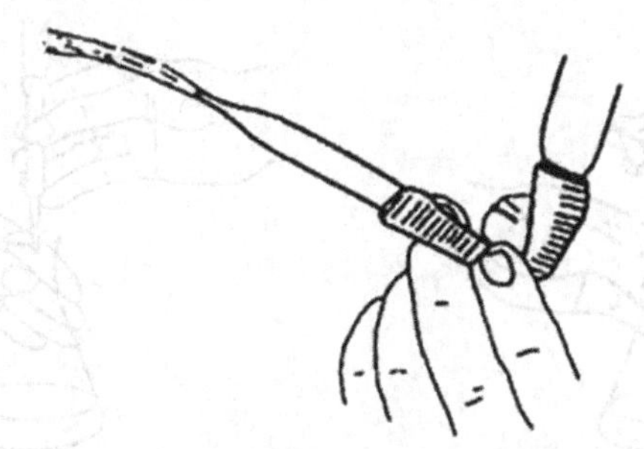

图 2-5　碱式滴定管排气泡方法

3. 读数

读数时应将滴定管从滴定架上取下，用右手大拇指和食指捏住滴定管上部无刻度处，其他手指从旁辅助，使滴定管保持垂直，然后再读数。不要在滴定架上直接读数，因为很难保持滴定管的垂直。读数时，视线与弯月面下缘实线的最低点相切，但对于深色溶液（如高锰酸钾溶液），其弯月面不够清晰，为了方便读数，可使视线与液面两侧的最高点在同一水平面上，从而减小读数上的误差。

读数时要读到小数点后第二位，即要求估计到 0.01mL。每次读数都应从"0"刻度或者固定数值刻度处开始，这样可使每次滴定都在滴定管的某一体积范围内，可消除由于滴定管刻度不准确而引起的系统误差。

4. 操作

使用酸式滴定管或聚四氟乙烯滴定管时，左手握住滴定管，无名指和小指向手心弯曲，轻轻贴住出口部分，其余三指控制旋塞的转动，如图 2-6 所示。注意不要向外用力，以免推出旋塞造成漏液。使用碱式滴定管时，仍以左手握管，拇指在前，食指在后，其他三指辅助夹住出口管，如图 2-7 所示。用拇指和食指捏住玻璃珠所在部位的右上方，向右挤压乳胶管，使玻璃珠移至手心一侧，溶液从玻璃珠旁边的空隙流出。注意不要捏玻璃珠下部的乳胶管，以免空气进入其中而形成气泡，影响读数。滴定操作常在锥形瓶中进行，滴定时，用右手拇指、食指和中指拿住锥形瓶，其余两指在下侧辅助，使瓶底离开滴定台高 2～3cm，滴定管下端伸入瓶口内约 1cm。左手握住滴定管，边滴边用右手振荡锥形瓶，使锥形瓶沿同一方向做圆周运动。

图 2-6　酸式滴定管的操作

图 2-7　碱式滴定管的操作

滴定操作时应注意，左手不能离开旋塞任其自流，开始滴定时，速度可稍微快些，临近终点时（局部出现指示剂颜色转变），应每加 1 滴滴定液，充分振荡后再继续滴加。若须振荡 2～3 次溶液才复原或为终点过渡颜色，表明终点已很近了，这时，应该滴加半滴，然后用蒸馏水冲洗锥形瓶内壁，直至溶液刚刚出现稳定的终点颜色。

在滴定过程中，如果滴定液滴到了容器壁上，也需要用蒸馏水冲洗下去，以使反应完全。滴定结束后要及时倒掉没有滴完的滴定液，并且用自来水将滴定管冲洗干净。

第三节　试剂的存放和取用

一、试剂的存放

固体试剂装在广口瓶中，液体试剂或配制好的液体则放在细口瓶或者带有滴管的滴瓶中。见光易分解的试剂，如 $AgNO_3$、KI 等，应装在棕色瓶中。盛放碱液的瓶子不要用玻璃塞，要用橡皮塞或软木塞，防止长期放置互相粘连。每一个试剂瓶上都必须贴有标签，注明试剂的名称、浓度和配制日期，并在标签外面涂上一层蜡或者贴上透明胶用以保护。

取用试剂之前，应看清标签。取用时，先打开瓶盖，将瓶塞反放在实验台上。如果因瓶塞上端不是平顶而不易放置，可用食指和中指将瓶塞夹住（或放在洁净的表面皿上），绝不可将它横放在桌上，以免沾污。取完试剂后，一定要把试剂瓶

塞盖严，决不允许将瓶塞张冠李戴。最后，把试剂瓶放回原处。

二、试剂的取用

1. 固体试剂的取用

固体试剂可用洁净、干燥的药匙取用。应专匙专用，用过的药匙必须洗净擦干后才能再次使用。取用一定量的固体试剂时，要求把固体放在干燥的纸上称量，具有腐蚀性或易潮解的固体应放在表面皿上或玻璃容器内称量。

注意：称量时取用固体试剂不要超过指定用量，多取的药品不能倒回原瓶，可放在指定的容器内供自己或他人使用。

2. 液体试剂的取用

(1)从细口瓶中取用液体时，用倾注法。取用时手心对着试剂瓶上贴有标签的一面，逐渐倾斜瓶子，让试剂沿着洁净的玻璃棒注入烧杯等容器中。倾倒出所需量后，将试剂瓶口在容器上靠一下，再逐渐竖起瓶子，以免遗留在瓶口的液滴流到瓶子的外壁。

(2)从滴瓶中取用液体时，要用滴瓶中的滴管。滴管决不能伸入所用的容器，以免接触器壁而沾污试剂。装有试剂的滴管不得横置或使滴管口向上倾斜，以免液体流入滴管的橡胶帽中。

第三章　无机化合物的制备与提纯实验

实验一　实验相关知识讲解及实验仪器领用

【实验目的】

(1)认识化学实验常用仪器的名称、规格、功能，了解其使用注意事项。

(2)学习和练习常用玻璃仪器的洗涤和干燥方法。

(3)掌握电热恒温干燥箱的使用。

【实验原理】

化学实验要使用各种玻璃仪器，这些仪器是否干净，常常会影响到实验结果的准确性。因此，需将玻璃仪器洗涤干净。如何洗涤、选用何种洗涤剂要视玻璃仪器的类别、实验要求、污物的性质和沾污的程序而定。

一般的玻璃仪器，如烧杯、烧瓶、锥形瓶、试管和量筒等，可以用毛刷从外到里用水刷洗，这样可洗去可溶于水的物质、部分不溶性物质和尘土。若有油污等有机物，可用去污粉(有损玻璃，尽量少用)、肥皂粉或洗涤剂洗涤。洗涤时，先用蘸有去污粉或洗涤剂的毛刷擦洗，然后用自来水冲洗干净，最后用蒸馏水或去离子水润洗内壁2～3次。洗净的器皿，它的内壁应能被水均匀地润湿而无水的条纹，且不挂水珠。在有机化学实验中，经常使用磨口玻璃仪器，在洗刷时要注意保护磨口，不宜使用去污粉，需改用洗涤剂。

对于不易用刷子刷到或不能用刷子刷洗的玻璃仪器，如滴定管、容量瓶、移液

管等，通常是将洗涤剂倒于或吸入容器内，振荡几分钟或浸泡一段时间后，将用过的洗涤剂仍倒入原瓶储存备用，再用自来水冲洗干净，这类仪器的洗涤方法详见其他参考书。

玻璃砂芯滤器在使用后必须立即清洗，针对不同的沉淀物应采用适当的洗涤剂先溶解砂芯表面的固体，然后再反复多次用洗涤剂抽洗，使残留在砂芯中的沉淀物被全部抽走，再用蒸馏水冲洗干净，于 110℃烘干，保存在无尘的柜中。针对不同的沾污物，采用相应的洗涤剂，可以起到事半功倍的效果。

在仪器洗净后，还应进行干燥。干燥的事先把仪器干燥好，就可以避免临用时才进行干燥，具体内容见第二章第一节“玻璃仪器的洗涤和干燥”。

【实验部分】

1. 认领仪器

按照仪器清单，领取和认识化学实验常用玻璃仪器，若仪器有破损或数量与清单不符，应立即向实验室管理人员提出更换或补足。

2. 玻璃仪器的洗涤

参照上述玻璃仪器的一般洗涤方法，将领取的玻璃仪器洗涤干净，并请相互检查。

3. 玻璃仪器的干燥

教师讲解和示范电热恒温干燥箱的使用。学生将洗涤好的仪器存放于实验柜内，晾干备用。

4. 观看实验操作录像

实验二　氯化钠的提纯

【实验目的】

(1)学会用化学方法提纯氯化钠,学习电子分析天平的使用以及常压过滤、减压过滤、蒸发浓缩、结晶等基本操作。

(2)了解沉淀溶解平衡原理及其应用。

(3)学习在分离提纯物质过程中,定性检验某种物质除尽的方法。

【基本原理】

氯化钠试剂或氯碱工业用的食盐,都是以粗盐为原料进行提纯的。从自然界直接得到的盐,如井盐、矿盐、海盐、湖盐等,一般称为“粗盐”。粗盐中除了含有泥沙等不溶性杂质外,还含有K^+、Ca^{2+}、Mg^{2+}、SO_4^{2-}等可溶性杂质。不溶性杂质可用过滤法除去,可溶性杂质中Ca^{2+}、Mg^{2+}、SO_4^{2-}则可通过化学方法(可不可以用重结晶的方法?),加入合适的试剂使之转化为沉淀,过滤除去。具体方法如下:

在粗盐中加入稍过量的$BaCl_2$溶液,将SO_4^{2-}转化为$BaSO_4$沉淀,过滤除去。

$$Ba^{2+} + SO_4^{2-} \rightleftharpoons BaSO_4 \downarrow$$

再向溶液中加入饱和Na_2CO_3溶液,可将Ca^{2+}、Mg^{2+}以及过量的Ba^{2+}转化为相应的沉淀,过滤除去。

$$Ca^{2+} + CO_3^{2-} \rightleftharpoons CaCO_3 \downarrow$$

$$Mg^{2+} + 2OH^- \rightleftharpoons Mg(OH)_2 \downarrow$$

$$Ba^{2+} + CO_3^{2-} \rightleftharpoons BaCO_3 \downarrow$$

用稀盐酸调节溶液 pH 为 2~3,可除去OH^-和CO_3^{2-}。

$$2H^+ + CO_3^{2-} \rightleftharpoons H_2O + CO_2 \uparrow$$

$$H^+ + OH^- \rightleftharpoons H_2O$$

粗盐中的K^+与上述试剂无法反应形成沉淀,仍留在溶液中。由于 KCl 溶解度大于 NaCl 的溶解度且含量较少,所以在浓缩结晶时,NaCl 晶体析出而 KCl 仍

留在母液中，可分离除去。

【仪器和试剂】

仪器：电子分析天平，真空泵，抽滤瓶，布氏漏斗，蒸发皿等。

试剂：粗盐，HCl(6mol/L)，$BaCl_2$(1mol/L)，H_2SO_4(3mol/L)，Na_2CO_3饱和溶液等。

> **温馨提示**：氯化钡是剧毒品，可引起大脑及软脑膜的炎症；人体中毒时毛细血管通透性升高，同时伴有出血及水肿；抑制骨髓并引起肝脏疾患、脾硬化。氯化钡易经伤口或口腔进入人体，并导致中毒，引起胃痛、恶心、呕吐、腹泻、血压升高、脉搏坚实而无规律、呼吸困难等。如发现有人中毒，应速给予硫酸镁或硫酸钠解毒，并采取洗胃、灌肠、催吐等措施。

【实验步骤】

1. 称量和溶解

称取5.0g粗盐于100mL烧杯中，加入约20mL纯水，加热搅拌，使其溶解。

2. 除 SO_4^{2-}

将溶液加热至接近沸腾，边搅拌边滴加0.8～1.3mL 1mol/L $BaCl_2$溶液，继续加热煮沸数分钟，使硫酸钡颗粒长大，易于过滤除去。将烧杯从加热电炉上取下，静置，待沉淀沉降后，沿烧杯壁向上层清液中滴加2～3滴$BaCl_2$溶液，如果溶液中出现浑浊，表明SO_4^{2-}未能除尽，继续向溶液中滴加$BaCl_2$溶液，至SO_4^{2-}沉淀完全(即上层清液中不再产生浑浊)为止，过滤，弃去沉淀。

3. 除 Ca^{2+}、Mg^{2+}和过量的 Ba^{2+}

将滤液加热至接近沸腾，边搅拌边滴加饱和Na_2CO_3溶液，直至沉淀不再产生，再多加0.2mL饱和Na_2CO_3溶液。将烧杯取下静置，待沉淀沉降后，用小试管或离心管取少许上层清液进行检验，待Ba^{2+}除尽后，继续加热煮沸数分钟，过滤，保留滤液，弃去沉淀。

4. 除剩余的 OH^- 和 CO_3^{2-}

加热搅拌滤液,滴加 6mol/L HCl 至滤液 pH 为 2～3。

5. 蒸发与结晶

将滤液转移至蒸发皿中,加热蒸发浓缩,并不断搅拌至黏稠,浓缩到原滤液体积的 1/3(为何不能蒸干?);趁热抽干后,取出产品用滤纸吸干或用少量无水乙醇洗涤,除去表面水分;称重,计算产率。制备的产品保存于回收仪器内。

6. 产品质量检验(可安排学生自己设计实验,配制定性检验溶液,选做)

取粗盐和产品各 1g 左右,分别溶于约 5mL 蒸馏水中,定性检验溶液中是否有 SO_4^{2-}、Ba^{2+} 和 Mg^{2+},比较实验结果。

表 3-1　粗盐定性检验

检验离子	检验方法	现象	
		粗盐溶液	产品溶液
SO_4^{2-}			
Ca^{2+}			
Mg^{2+}			

【思考题】

(1)能否用重结晶的方法提纯氯化钠?

(2)能否用氯化钙代替毒性大的氯化钡来除去食盐中的 SO_4^{2-}?

(3)在氯化钠提纯过程中,若加热温度过高或时间过长,液面会有小晶体出现,这是什么物质?它能否被过滤除去?应该怎样处理?

(4)在实验中,如果以 $Mg(OH)_2$ 沉淀形式除去粗盐溶液中的 Mg^{2+},则溶液的 pH 应为何值?

实验三　硫酸亚铁铵的制备

【实验目的】

(1)了解复盐的一般特性和制备方法。

(2)练习水浴加热、巩固蒸发、结晶、常压过滤和减压过滤等基本操作。

【基本原理】

硫酸亚铁铵[$(NH_4)_2SO_4 \cdot FeSO_4 \cdot 6H_2O$]是一种复盐,俗称“摩尔盐”,是浅绿色单斜晶体。它在空气中比一般亚铁盐稳定,不易被氧化,溶于水但难溶于乙醇,由于制备工艺简单,容易得到较纯净的晶体,所以应用广泛。

$(NH_4)_2SO_4 \cdot FeSO_4 \cdot 6H_2O$在工业上常用作废水处理的絮凝剂,在定量分析中常用作氧化还原滴定的基准物质,在农业上既是农药又是肥料。

像所有复盐一样,$(NH_4)_2SO_4 \cdot FeSO_4 \cdot 6H_2O$在水中的溶解度比组成它的$FeSO_4$或$(NH_4)_2SO_4$的溶解度都小。$(NH_4)_2SO_4$、$FeSO_4$和$(NH_4)_2SO_4 \cdot FeSO_4 \cdot 6H_2O$在水中的溶解度数据请学生在预习时自行查阅。因此,将含有$FeSO_4$和$(NH_4)_2SO_4$混合溶液经蒸发浓缩、冷却结晶即可得到结晶状的摩尔盐。

本实验是先将还原铁粉溶于稀硫酸,制得$FeSO_4$溶液:

$$Fe + H_2SO_4 = FeSO_4 + H_2\uparrow$$

然后在$FeSO_4$溶液中加入等量的$(NH_4)_2SO_4$溶液,混合后,经加热浓缩、冷却结晶得到$(NH_4)_2SO_4 \cdot FeSO_4 \cdot 6H_2O$。在制备过程中,为使$Fe^{2+}$不被氧化和水解,溶液需保持足够的酸度。

$$FeSO_4 + (NH_4)_2SO_4 + 6H_2O = (NH_4)_2SO_4 \cdot FeSO_4 \cdot 6H_2O$$

【仪器和试剂】

仪器:电子分析天平,水浴锅,真空泵,抽滤瓶,布氏漏斗,电炉,漏斗架,长颈漏斗,锥形瓶(50mL),烧杯(100mL),量筒(10mL),蒸发皿,玻璃棒等。

试剂:还原铁粉,$(NH_4)_2SO_4(s)$,$H_2SO_4(3mol/L)$。

【实验步骤】

1. $FeSO_4$ 的制备

称取 1g 还原铁粉于锥形瓶中，加入约 5mL 3mol/L H_2SO_4溶液，于 70～80℃水浴中加热（在恒温水浴锅中进行），并经常振荡锥形瓶。在加热过程中，锥形瓶中应不时适当补充水分，以保持溶液原体积，直至反应完全为止（如何判断?）。再在溶液中加入 0.2mL 3mol/L H_2SO_4溶液（目的是什么?），用普通漏斗趁热过滤，将滤液转移至蒸发皿内。为防止过滤过程中 $FeSO_4$ 析出，过滤前加入适量水，使总体积达到 20mL，加热后趁热过滤。

2. 硫酸亚铁铵的制备

称取 1.9g $(NH_4)_2SO_4$固体，加入到 2.5mL 水中，水浴加热，搅拌至$(NH_4)_2SO_4$完全溶解。所得溶液加入到上述 $FeSO_4$ 滤液中，搅拌，继续蒸发浓缩至表面出现晶膜为止（注意在蒸发过程中，不宜搅拌；控制蒸发浓缩温度，确保始终有蒸汽出现，但不可出现气泡）。将其冷却至室温，待析出晶体后，减压抽滤；取出晶体并用滤纸吸干，称重，计算产率。制备的产品保存于回收仪器内。

【数据记录和处理】

表 3-2 实验三数据记录表

还原铁粉质量/g	$(NH_4)_2SO_4$饱和溶液		$(NH_4)_2SO_4 \cdot FeSO_4 \cdot 6H_2O$			
	$(NH_4)_2SO_4$质量/g	水的体积/mL	理论产量/g	实际产量/g	产率/%	产品色泽、结晶与外观形态

【思考题】

(1)在制备 $FeSO_4$ 时，是还原铁粉过量还是 H_2SO_4 过量？为什么？

(2)在制备$(NH_4)_2SO_4 \cdot FeSO_4 \cdot 6H_2O$ 时，为什么要保持溶液呈强酸性？

(3)在制备$(NH_4)_2SO_4 \cdot FeSO_4 \cdot 6H_2O$ 时，为什么采用水浴加热法？

(4)如果在制备 $FeSO_4$ 溶液时，有部分 $FeSO_4$ 被氧化，应如何处理？

实验四　五水硫酸铜的制备

【实验目的】

(1)学习由不活泼金属与酸作用制备盐的方法及重结晶法提纯物质。

(2)学会倾滗法、减压过滤、溶解、结晶、重结晶等基本操作。

【实验原理】

纯铜(Cu)属于不活泼金属,不能溶解于非氧化性酸中,但其氧化物(CuO)在稀酸中极易溶解。因此,工业上生产无水硫酸铜($CuSO_4 \cdot 5H_2O$),又称"胆矾",是先将 Cu 转化成 CuO(灼烧或者加入氧化性酸),再与适当浓度的 H_2SO_4 作用生成 $CuSO_4$。本实验采用浓硝酸作为氧化剂,通过将铜粉生成 CuO,然后与浓硝酸和浓硫酸作用来制备 $CuSO_4$,化学反应方程式如下:

$$Cu + 2HNO_3 + H_2SO_4 \rightleftharpoons CuSO_4 + 2NO_2\uparrow + 2H_2O$$

$$CuSO_4 + 5H_2O \rightleftharpoons CuSO_4 \cdot 5H_2O$$

未反应的铜粉(不溶性的杂质)用倾滗法除去,利用 $Cu(NO_3)_2$ 的溶解度在 273～373K 温度下均大于 $CuSO_4 \cdot 5H_2O$ 溶解度的性质,溶液经蒸发浓缩、冷却后析出 $CuSO_4 \cdot 5H_2O$,经过滤与可溶性杂质 $CuSO_4 \cdot 5H_2O$ 分离,得到粗产品。$CuSO_4 \cdot 5H_2O$ 的溶解度随温度的升高而增大,可用重结晶法进行提纯。在粗产品 $CuSO_4 \cdot 5H_2O$ 中,根据相应温度下 $CuSO_4 \cdot 5H_2O$ 的溶解度计算并加入适量水,加热成饱和溶液,趁热过滤除去不溶性杂质。滤液经冷却析出 $CuSO_4 \cdot 5H_2O$,经过滤、洗涤,与可溶性杂质分离,得到较为纯净的 $CuSO_4 \cdot 5H_2O$。

表 3-3　$CuSO_4 \cdot 5H_2O$ 和 $Cu(NO_3)_2$ 溶解度表(g/100g 水)

T/K	273	293	313	333	353	373
$CuSO_4 \cdot 5H_2O$	23.1	32.0	44.6	61.8	83.8	114.0
$Cu(NO_3)_2$	83.5	125.0	163.0	182.0	208.0	247.0

【仪器和试剂】

仪器:控温电炉,抽滤装置,电子分析天平,烧杯(100mL),蒸发皿,玻璃棒,长颈漏斗等。

试剂:铜粉,H_2SO_4 3mol/L,浓硝酸。

温馨提示:浓硝酸为强腐蚀剂、氧化剂,易制爆,助燃,与可燃物混合会发生爆炸。吸入硝酸气雾会产生呼吸道刺激作用,可引起急性肺水肿;口服引起腹部剧痛,严重者可导致胃穿孔、腹膜炎、喉痉挛、肾损害、休克或窒息等;眼和皮肤接触可引起灼伤。此外,长期接触硝酸可引起牙齿酸蚀症。

【实验步骤】

1. 制备

称取 1.5g 铜粉,放入烧杯中,加入 5.5mL 3mol/L H_2SO_4,然后缓慢、分批地加入 2.5mL 浓硝酸(在通风橱中进行)。待反应缓和后,水浴加热。在加热过程中需要补加 2.5mL 3mol/L H_2SO_4 和 0.5 mL 浓硝酸(由于反应情况不同,补加的酸量根据具体情况而定,在保持反应继续进行的情况下,尽量少加浓硝酸)。待铜粉近于全部溶解,趁热用倾滗法先将溶液转至小烧杯中,然后再将溶液转回洗净的蒸发皿中,水浴加热(也可垫上石棉网在控温电炉上加热),浓缩至溶液表面有晶膜出现,取下蒸发皿,使溶液冷却,析出粗制 $CuSO_4 \cdot 5H_2O$。将粗制 $CuSO_4 \cdot 5H_2O$ 抽滤,洗涤,晾干,称量并计算产率。

2. 重结晶

将粗产品以每克加 1.2mL 水的比例溶于水中,加热使 $CuSO_4 \cdot 5H_2O$ 完全溶解,趁热过滤。滤液收集在小烧杯中,让其自然冷却,即有晶体析出(如无晶体析出,可再水浴加热蒸发),待完全冷却后抽滤、称量。

【注意事项】

在蒸发浓缩时,一定要注意:蒸发到溶液表面有晶膜产生时立即停止加热,取

下蒸发皿，让其冷却结晶，切勿蒸干。

【思考题】

(1)浓硝酸在制备过程中的作用是什么？为什么要缓慢分批加入，而且要尽量少加？

(2)在粗产品的制备过程中，分离了哪些杂质？

(3)简述重结晶原理。每克粗产品需 1.2mL 水重结晶的依据是什么？

实验五　五水硫代硫酸钠晶体的制备

【实验目的】

(1)了解无机化合物的制备方法，掌握五水硫代硫酸钠晶体的合成方法。

(2)练习溶解、过滤、结晶等操作。

(3)掌握如何设计固—液反应，如何加快固—液反应速度。

【实验原理】

五水硫代硫酸钠($Na_2S_2O_3 \cdot 5H_2O$)是无色单斜系晶体，比重为 $1.71g/cm^3$，熔点为 48.2℃。晶体在空气中稳定，但在水溶液中不稳定，会因吸收空气中的 CO_2而分解，析出硫黄。如晶体中夹杂亚硫酸氢钠，因呈弱酸性也较稳定。$Na_2S_2O_3 \cdot 5H_2O$ 是一种常用的化工原料和试剂，在分析化学中常被用来定量测定碘，在纺织和造纸工业中用作脱氯剂，在摄影业中用作定影剂，在医疗行中用作急救解毒剂。

$Na_2S_2O_3 \cdot 5H_2O$ 因在 48.2℃熔融分解脱水，在 220℃下分解，故在常温下从溶液中结晶出来的硫代硫酸钠为 $Na_2S_2O_3 \cdot 5H_2O$，如要烘干，则只能采用真空低温干燥，干燥温度不应超过 48.2℃；若要获得无水 $Na_2S_2O_3$，则可在较高温度下进行干燥。

根据元素硫在$[H^+]=1mol/L$ 时的电极电势：

$2SO_3^{2-} + 3H_2O + 4e^- = S_2O_3^{2-} + 6OH^-$　　　$\varphi=+0.4V$

$S_2O_3^{2-} + 3H_2O + 4e^- = 2S + 6OH^-$　　　$\varphi=-0.12V$

因此，可以用 SO_3^{2-} 作氧化剂氧化单质硫，以制备 $NaS_2O_3^{2-}$。具体制备方程式

如下：

$$Na_2SO_3 + S = Na_2S_2O_3$$

对 $Na_2S_2O_3$ 中所含的 SO_3^{2-} 和 SO_4^{2-} 杂质进行分析时，可先用 I_2 将 SO_3^{2-} 和 $S_2O_3^{2-}$ 分别氧化为 SO_4^{2-} 和 $S_4O_6^{2-}$，然后让微量的 SO_4^{2-} 与 $BaCl_2$ 溶液作用，生成难溶的 $BaSO_4$，使溶液变混浊。显然，溶液的混浊度与试样中的 SO_3^{2-} 和 SO_4^{2-} 的含量成正比。因此，可用比浊度的方法来半定量地分析样品中的 SO_3^{2-} 和 SO_4^{2-} 总量。

【仪器和试剂】

仪器：烧杯（100mL），量筒（10mL、100mL）、抽滤瓶，布氏漏斗，吸量管，蒸发皿，循环水真空泵，漏斗架，长颈漏斗，玻璃棒等。

试剂：硫粉，Na_2SO_3，乙醇等。

【实验步骤】

(1)硫粉研磨后，称取 2g 置于 100mL 烧杯中，加 1mL 乙醇使其润湿，再加入 6g Na_2SO_3 固体和 30mL 水。

(2)加热此混合物并不断搅拌，待溶液沸腾后改用小火加热，并继续保持微沸状态不少于 40min，直至仅剩下少许硫粉悬浮在溶液中（此时溶液体积应大于 30mL，如溶液体积太少，在反应过程中适当补加些水，以保持溶液体积不少于 30mL）。

(3)趁热过滤。将滤液转移至蒸发皿中，水浴加热蒸发，将滤液蒸发至呈微浑浊为止，冷却至室温。为使晶体缓慢析出，必须确保样品冷却至室温，可采用少量自来水辅助冷却，同时，在冷却的过程中，要用玻璃棒不停地搅拌，直至 $Na_2S_2O_3$ 晶体完全析出。

(4)将所析出的晶体减压过滤，并用少量乙醇洗涤晶体，抽干，再用滤纸将水吸干，称量并计算产率。

【数据记录和处理】

表 3-4　实验五数据记录表

硫黄质量/g	Na_2SO_3质量/g	$Na_2S_2O_3 \cdot 5H_2O$			
		理论产量/g	实际产量/g	产率/%	产品色泽、结晶与外观形态

【思考题】

(1)要提高产品 $Na_2S_2O_3$的纯度,实验中需注意哪些问题?

(2)所得的 $Na_2S_2O_3 \cdot 5H_2O$ 晶体一般只能在 40～50℃烘干,温度高了会发生什么现象?

(3)产品为何不用水洗而用乙醇洗涤?

实验六　明矾的制备

【实验目的】

(1)了解明矾的制备方法。

(2)认识铝和氢氧化铝的两性。

(3)练习和掌握溶解、过滤、结晶以及沉淀的转移和洗涤常用的基本操作。

【实验原理】

铝粉溶于浓氢氧化钾溶液,可生成可溶性的四羟基合铝(Ⅲ)酸钾,即 $K[Al(OH)_4]$,再用稀硫酸调节溶液的 pH,将其转化为 $Al(OH)_3$,使 $Al(OH)_3$ 溶于 H_2SO_4,在溶液冷却后会形成一种在水中溶解度较小的同晶的复盐,此复盐称为"明矾[$KAl(SO_4)_2 \cdot 12H_2O$]"。小晶体经过数天的培养,则以大块晶体形式结晶出来。

明矾制备过程中的化学反应方程式如下：

$$2Al + 2KOH + 6H_2O = 2K[Al(OH)_4] + 3H_2\uparrow$$

$$2K[Al(OH)_4] + H_2SO_4 = 2Al(OH)_3\downarrow + K_2SO_4 + 2H_2O$$

$$2Al(OH)_3 + 3H_2SO_4 = Al_2(SO_4)_3 + 6H_2O$$

$$Al_2(SO_4)_3 + K_2SO_4 + 12H_2O = 2KAl(SO_4)_2 \cdot 12H_2O$$

【仪器和试剂】

仪器：烧杯，量筒，布氏漏斗，抽滤瓶，表面皿，电子分析天平等。

试剂：H_2SO_4(3mol/L)，KOH(s)，乙醇等。

【实验步骤】

1. 制备 $K[Al(OH)_4]$

在台秤上用表面皿快速称取固体氢氧化钾 2.1g，迅速将其转移至 100mL 的烧杯中，加 25mL 水温热溶解，得到 1.5mol/L 的 KOH 溶液。称量 1g 铝粉，分次放入该溶液中。该反应比较剧烈，应防止溶液溅出。反应完毕后，趁热用布氏漏斗过滤。

2. 明矾的制备

取滤液置于 250mL 烧杯中，稀释至 50mL，小火加热，在不断搅拌下，滴加 3mol/L H_2SO_4，使溶液的 pH 为 8～9，此时溶液中生成大量的白色 $Al(OH)_3$ 沉淀，继续加热，并在不断搅拌的情况下滴加 3mol/L H_2SO_4 至沉淀完全溶解(**注意：预习时应计算 H_2SO_4 的理论用量！**)，得到 $KAl(SO_4)_2$ 溶液。适当浓缩 $KAl(SO_4)_2$ 溶液(剩原来体积的 2/3)，冷却结晶，待结晶完全后抽滤，所得的晶体即为 $KAl(SO_4)_2 \cdot 12H_2O$ 晶体。用 5mL 1∶1 的水－乙醇混合溶液洗涤晶体 2 次，将晶体用滤纸吸干，称重，计算产率。

【注意事项】

(1)KOH 溶液加入铝粉后，反应激烈，注意补充冷水，使溶液保持原有体积。

(2)$KAl(SO_4)_2$ 溶液一定要自然冷却析出结晶，而不能骤冷。

第四章　元素性质与化学原理实验

实验七　碱金属、碱土金属

【实验目的】

(1)比较碱金属、碱土金属的活泼性。

(2)比较碱土金属氢氧化物及其盐类溶解度

(3)比较锂盐和镁盐的相似性。

(4)了解焰色反应的操作，观察焰色反应。

【实验原理】

碱金属和碱土金属元素是最典型的金属元素，化学性质非常活泼。在氢氧化物方面，碱金属的氢氧化物除 LiOH 溶解度较小外，其余都很大，且都是强碱。碱土金属的氢氧化物除 $Be(OH)_2$ 呈两性外，其余也都是碱性，但由于溶解度不如碱金属，所以碱性要弱得多。元素周期表从上到下，碱土金属的氢氧化物的碱性是增强的，这与其氢氧化物溶解度增大的趋势相一致。碱金属盐绝大多数易溶于水，仅有少数碱金属盐难溶于水，如 LiF、Li_2CO_3、Li_3PO_4、$Na[Sb(OH)_6]$、$KHC_4H_4O_6$ 等，均为白色微溶或难溶物，可利用它们的难溶盐来鉴别 K^+、Na^+。碱土金属的难溶盐则要多得多，一般除氟外，一价阴离子是可溶的；除 S^{2-} 外，高价阴离子都是难溶的，如碳酸盐、磷酸盐和草酸盐。对硫酸盐和铬酸盐来说，溶解度的差别较大：$BaSO_4$ 和 $BaCrO_4$ 是其中溶解度最小的难溶盐，而 $MgSO_4$ 和 $MgCrO_4$ 则易溶，可利

用难溶盐的生成和溶解性的差异来鉴别 Ba^{2+}、Mg^{2+}。

焰色反应原理：纯净化合物放在无色火焰的氧化焰中加热时，它们可以气化而使火焰染上特殊的颜色，这是由于原子被激发后，电子从一个能级降到另一个能级时，所发射出的特征光谱与原子的电子排布有关。不同元素具有不同的特征光谱，借此可以鉴定元素的存在。碱金属和钙、锶、钡的特征光谱在可见光范围内，而且每一种金属原子的光谱线比较简单，因此，肉眼可以观察到。

【仪器和试剂】

仪器：试管，离心管，离心机，酒精灯，点滴板等。

试剂：$MgCl_2$(0.5mol/L)，$CaCl_2$(0.5mol/L)，$BaCl_2$(0.5mol/L)，氨水(2mol/L)，NaOH(2mol/L)，LiCl(1mol/L)，NaF(1mol/L)，Na_2CO_3(1mol/L)，Na_2HPO_4(0.2mol/L)，饱和酒石酸氢钠($NaHC_4H_4O_6$)溶液，KCl(1mol/L)，Na_2SO_4(0.5mol/L)，浓硝酸，K_2CrO_4(0.5mol/L)，饱和$(NH_4)_2C_2O_4$溶液，HAc(2mol/L)、HCl(2mol/L)，HCl(6mol/L)，镍铬丝等。

温馨提示：纯硝酸是无色有刺激性气味的液体，市售浓硝酸质量分数约为65%，易挥发，以任意比例溶于水。质量分数大于86%的硝酸称“发烟硝酸”，浓度为8mol/L以上的硝酸一般称为“浓硝酸”。硝酸蒸气对眼睛、呼吸道等的黏膜和皮肤有强烈刺激性：蒸气浓度高时可引起肺水肿，对牙齿具有腐蚀性，皮肤沾上可引起灼伤，因腐蚀而留下疤痕，浓硝酸腐蚀可达到相当深处。硝酸在加热时分解，产生有毒烟雾。硝酸是强氧化剂，与可燃物和还原性物质发生激烈反应，爆炸；硝酸具有强酸性，与碱发生激烈反应，腐蚀大多数金属(铝及其合金除外)，生成氮氧化物，可与许多常用有机物发生非常激烈的反应，有引起火灾和爆炸的危险。

【实验步骤】

1. 碱土金属氢氧化物的性质

各取5滴盐溶液进行下列试验。

表 4-1　实验七数据记录表(a)

	0.5mol/L $MgCl_2$	0.5mol/L $CaCl_2$	0.5mol/L $BaCl_2$
2mol/L NaOH(静置观察)			
2mol/L 氨水			

由实验结果说明碱土金属氢氧化物溶解度递变次序。

2. 锂、钠、钾微溶盐的生成

(1)微溶锂盐的生成。在 5 滴 1mol/LLiCl 溶液中，滴加 1mol/LNaF 溶液，观察产物的颜色和状态。用 1mol/LNa_2CO_3溶液和 0.2mol/LNa_2HPO_4溶液可代替 NaF 溶液重复试验，得取 Li_2CO_3和 Li_3PO_4(**提示：Li_3PO_4沉淀易从沸腾的稀溶液中获得**)。

(2)微溶钾盐的生成。等体积混合 1mol/LKCl 和饱和 $NaHC_4H_4O_6$溶液，观察产物的颜色和状态。

3. 碱土金属难溶盐的生成和性质

(1)硫酸盐的溶解度比较。各取 3 滴溶液进行下列试验。

表 4-2　实验七数据记录表(b)

	0.5mol/L $MgCl_2$	0.5mol/L $CaCl_2$	0.5mol/L $BaCl_2$
0.5mol/L Na_2SO_4			

观察产物的颜色和状态。如有沉淀生成，离心分离后，分别取少量沉淀，试验与浓硝酸的作用。由实验结果比较 $MgSO_4$、$CaSO_4$和 $BaSO_4$溶解度的大小。

(2)碳酸盐的生成与溶解。

①各取 2 滴溶液进行下列试验。

表 4-3　实验七数据记录表(c)

	0.5mol/L $MgCl_2$	0.5mol/L $CaCl_2$	0.5mol/L $BaCl_2$
1mol/LNa_2CO_3			

观察现象，如有沉淀生成，离心分离后试验沉淀与 2mol/LHAc 的作用。

②取一滴 0.5mol/L $MgCl_2$溶液，先加 2 滴 2mol/L NH_4Cl 溶液，再加 6mol/L 氨水至溶液呈碱性，滴加 2mol/L $(NH_4)_2CO_3$溶液，观察现象。分别用0.5mol/L$CaCl_2$、

0.5mol/L $BaCl_2$代替 $MgCl_2$溶液,重复进行试验。比较 A 和 B 实验结果,说明它们的差异,以及引起差异的原因;从实验结果得出分离 Mg^{2+}、Ca^{2+}、Ba^{2+}的实验条件。

(3)钙或钡的铬酸盐、草酸盐的生成和性质。

各取少量溶液进行下列试验。

表 4-4 实验七数据记录表(d)

	0.5mol/L $MgCl_2$	0.5mol/L $CaCl_2$	0.5mol/L $BaCl_2$
0.5mol/L K_2CrO_4			
饱和$(NH_4)_2C_2O_4$			

观察实验结果,如有沉淀生成,离心分离,各取少量沉淀,分别与 2mol/L HAc、2mol/L HCl 作用。由实验结果说明在强酸性介质中,能否得到 $CaCrO_4$、$BaCrO_4$沉淀,为什么?在 Ca^{2+}、Ba^{2+}共存时,能否用 $C_2O_4^{2-}$来鉴定 Ca^{2+}?

(4)焰色反应。取镶有镍铬丝的玻璃棒一根,按下法清洁:浸镍铬丝于纯的 6mol/L HCl 溶液中(预先放在滴板凹槽内),在氧化焰中灼烧片刻,再浸入酸中,再灼烧,如此重复数次,直到火焰不再呈任何颜色。

用洁净的镍铬丝蘸取 Li^+试液(预先放在滴板凹槽内)灼烧,观察火焰的颜色。同法观察钠盐、钾盐、钙盐、锶盐、钡盐溶液的颜色。

(5)阳离子未知液的分析。另取未知液 1 份,其中可能含有 K^+、Na^+、Li^+、Ca^{2+}、Ba^{2+}、Mg^{2+}中的一种或几种,根据本实验提供的试剂,设法鉴定。

【思考题】

(1)检验沉淀的性质时,常常通过离心分离出少量沉淀来进行,为什么?

(2)哪些离子可用焰色反应鉴定?每次焰色反应前,镍铬丝为什么必须处理干净?鉴定液中加盐酸(1∶1)的目的是什么?

(3)沉淀 Ca^{2+}、Ba^{2+}时,采用$(NH_4)_2CO_3$,并加入 NH_4Cl 和 NH_4OH 的目的是什么?如果 NH_4Cl 加得太多,对分离有何影响?NH_4OH 加得太多又有何影响?

实验八　ds区金属元素(铜、银、锌、镉、汞)和化合物的性质

【实验目的】

(1)了解铜、银、锌、镉、汞元素和氧化物、氢氧化物、硫化物的性质。

(2)熟悉铜、银、锌、镉、汞的配位能力,以及 Hg_2^{2+} 和 Hg^{2+} 的转化。

【实验原理】

ds区元素包括周期系ⅠB族的铜(Cu)、银(Ag)、金(Au)和ⅡB族的锌(Zn)、镉(Cd)、汞(Hg),共6种元素,价电子构型为 $(n-1)d^{10}ns^{1-2}$,它们的许多性质与d区元素相似,但也有较大的差异性。ⅠB、ⅡB族元素除能形成一些重要化合物外,最大特点是其离子具有18电子构型、较强极化力和变形性,易形成配合物。Cu^+ 在水溶液中不稳定,易发生歧化反应,生成 Cu^{2+} 和Cu,Cu(Ⅰ)只能存在于稳定的配合物和固体化合物中,如 $[CuCl_2]^-$、$[Cu(NH_3)_2]^+$、CuI和 Cu_2O。$AgNO_3$ 是一种重要的化学试剂,易溶于水。卤化银AgCl、AgBr、AgI的颜色依次加深(白→浅黄→黄),溶解度依次降低,这是由于阴离子按 $Cl^- \rightarrow Br^- \rightarrow I^-$ 的顺序变形性增大,使 Ag^+ 与它们之间极化作用增强。AgF易溶于水;$Zn(OH)_2$ 呈两性;$Cd(OH)_2$ 呈两性偏碱性,$Hg(OH)_2$ 极易脱水而变为黄色HgO,而HgO不溶于过量碱中。铜、银、锌、镉、汞的硫化物是具有特征颜色的难溶物。Hg_2^{2+} 能够稳定存在于水溶液中,因此,可以方便地得到 Hg_2^{2+} 溶液。加入碱、硫化物等Hg(Ⅱ)的沉淀剂或者氰离子等Hg(Ⅱ)的强配合剂,会促使 Hg_2^{2+} 歧化,生成Hg单质和相应的Hg(Ⅱ)的稳定难溶盐或配合物,如HgS、HgO、$HgNH_2Cl$ 沉淀和 $[Hg(CN)_4]^{2-}$ 等。

【仪器和试剂】

仪器:试管(10mL),烧杯(250mL),离心机,离心试管,玻璃棒等。

试剂:碘化钾(s),碎铜屑(s),HCl溶液(2mol/L、浓),H_2SO_4 溶液(2mol/L),HNO_3 溶液(2mol/L、浓),NaOH溶液(2mol/L、6mol/L、40%),氨水(2mol/L、

浓)，$CuSO_4$溶液(0.2mol/L)，$ZnSO_4$溶液(0.2mol/L)，$CdSO_4$溶液(0.2mol/L)，$CuCl_2$溶液(0.5mol/L)，$Hg(NO_3)_2$溶液(0.2mol/L)，$AgNO_3$溶液(0.1mol/L)，Na_2S溶液(1mol/L)，KI溶液(0.2mol/L)，KSCN溶液(0.1mol/L)，$Na_2S_2O_3$溶液(0.5mol/L)，NaCl溶液(0.2mol/L)，金属汞，葡萄糖溶液(10%)等。

温馨提示：硫酸镉具有毒性，吸入可引起呼吸道刺激症状，发生化学性肺炎、肺水肿；误食后可引起急剧的胃肠道刺激症状，如恶心、呕吐、腹泻、腹痛、全身乏力、肌肉疼痛和虚脱等急性中毒表现；慢性中毒以肺气肿、肾功能损害(蛋白尿)为主要表现，其次，还有缺铁性贫血、嗅觉减退或丧失等。

汞，银白色闪亮的重质液体，化学性质稳定，不溶于酸也不溶于碱。汞在常温下即可蒸发，汞蒸气和汞的化合物多有剧毒(慢性)。尽管汞沸点很高，但在室内温度下饱和的汞蒸气已经达到了中毒剂量的数倍。汞蒸气和汞盐(除了一些溶解度极小的，如硫化汞)都是剧毒的，口服、吸入或接触后可以导致脑和肝损伤。汞可以在生物体内积累，很容易被皮肤以及呼吸道和消化道吸收。汞破坏中枢神经系统，对口腔、黏膜和牙齿有不良影响。长时间暴露在高汞环境中可以导致脑损伤，甚至死亡。

【实验步骤】

1.铜、锌、镉、汞氢氧化物或氧化物的生成与性质

(1)铜、锌、镉氢氧化物的生成与性质。向3支分别盛有0.5mL 0.2mol/L $CuSO_4$溶液、0.5mL 0.2mol/L $ZnSO_4$溶液、0.5mL 0.2mol/L $CdSO_4$溶液的试管中滴加新配制的2mol/L NaOH溶液，观察溶液颜色及沉淀的状态。

将各试管中的沉淀分成2份：一份滴加2mol/L H_2SO_4溶液，另一份继续滴加6mol/L NaOH溶液，观察现象，写出化学反应方程式。

(2)银、汞氧化物的生成和性质。

①氧化银的生成和性质。取0.5mL 0.1mol/L $AgNO_3$溶液，滴加新配制的2mol/L NaOH溶液，观察Ag_2O(为什么不是AgOH?)的颜色和状态。洗涤并离心分离沉淀，将沉淀分成2份：一份加入2mol/L HNO_3，另一份加入2mol/L氨

水，观察现象，写出化学反应方程式。

②氧化汞的生成和性质。取 0.5mL 0.2mol/L $Hg(NO_3)_2$ 溶液，滴加新配制的 2mol/L NaOH 溶液，观察溶液颜色和沉淀的状态。洗涤并离心分离沉淀，将沉淀分成 2 份：一份加入 2mol/L HNO_3 溶液，另一份加入 40%NaOH 溶液。观察现象，写出化学反应方程式。

2. 锌、镉、汞硫化物的生成与性质

往 3 支分别盛有 0.5mL 0.2mol/L $ZnSO_4$ 溶液、0.5mL 0.2mol/L $CuSO_4$ 溶液、0.5mL 0.2mol/L $Hg(NO_3)_2$ 溶液的离心试管中滴加 1mol/L Na_2S 溶液，观察沉淀的生成和颜色。

先将沉淀离心分离、洗涤，然后将每种沉淀分成 3 份：第一份加入 2mol/L HCl 溶液，第二份加入浓盐酸，第三份加入王水（自配），分别水浴加热，观察沉淀溶解情况。

根据实验现象并查阅有关数据，对铜、锌、镉、汞硫化物的溶解情况作出结论，并写出有关化学反应方程式。

3. 铜、锌、镉、汞的配合物

(1)氨合物的生成。往 4 支分别盛有 0.5mL 0.2mol/L $CuSO_4$ 溶液、0.5mL 0.2mol/L $ZnSO_4$ 溶液、0.5mL 0.2mol/L $Hg(NO_3)_2$ 溶液和 0.5mL 0.1mol/L $AgNO_3$ 溶液的试管中滴加 2mol/L 的氨水，观察沉淀的生成。若向这些试管中继续滴加 2mol/L 氨水，又有何现象发生？写出有关化学反应方程式，比较 Cu^{2+}、Ag^{+}、Zn^{2+}、Hg^{2+} 与氨水反应有什么不同。

(2)汞配合物的生成和应用。

①先往盛有 0.5mL 0.2mol/L $Hg(NO_3)_2$ 溶液中，滴加 0.2mol/L KI 溶液，观察沉淀的生成和颜色。再往该沉淀中加入少量碘化钾固体（直到沉淀刚好溶解为止，不要过量），溶液显何种颜色？写出化学反应方程式。在所得溶液中，滴入几滴 40%NaOH 溶液，再和氨水反应，观察沉淀的颜色。

②在 5 滴 0.2mol/L $Hg(NO_3)_2$ 溶液中，逐滴加入 0.1mol/L KSCN 溶液，最初生成白色 $Hg(SCN)_2$ 沉淀，继续滴加 KSCN 溶液，沉淀溶解成无色的 $[Hg(SCN)_4]^{2-}$，再在该溶液中滴加几滴 0.2mol/L $ZnSO_4$ 溶液，观察白色的 $Zn[Hg(SCN)_4]$ 沉淀的生成（该反应可定性检验 Zn^{2+}），必要时用玻璃棒摩擦试

管壁。

4. 铜、银、汞的氧化还原性

(1)氧化亚铜的生成和性质。

①取 0.5mL 0.2mol/L $CuSO_4$溶液，滴加过量 6mol/L NaOH 溶液，使最初生成的蓝色沉淀溶解成深蓝色溶液；然后在溶液中加入 1mL 10%葡萄糖溶液，混匀后微热，有黄色沉淀产生，进而变成红色沉淀，写出有关化学反应方程式。将沉淀离心分离、过滤，然后分成 2 份：一份沉淀与 1mL 2mol/L H_2SO_4溶液观察，静置一段时间，注意观察沉淀的变化，然后加热至沸腾，观察有何现象；另一份沉淀中加入 1mL 浓氨水，振荡后静置一段时间，观察溶液的颜色。放置一段时间后，溶液为什么会变成深蓝色？

②取 10mL 0.5mol/L $CuCl_2$溶液，加入 3mL 浓盐酸和少量碎铜屑，加热沸腾且溶液呈深棕色(绿色完全消失)，继续加热，直至溶液近无色。取几滴上述溶液，加入 10mL 蒸馏水中，如有白色沉淀产生，则迅速把全部溶液倾入 100 mL 蒸馏水中，将白色溶液洗涤至无蓝色为止。取少许沉淀，分成 2 份：一份加 3mL 浓氨水，观察有何变化；另一份与 3mL 浓盐酸作用，观察有何变化，写出有关化学反应方程式。

思考：在氯化铜沉淀中加入浓氨水或浓盐酸后形成什么颜色沉淀？放置一段时间后会变成蓝色溶液，为什么？上述试验中，深棕色溶液含有什么物质？将近无色的溶液倾入蒸馏水中发生什么反应？

(2)碘化亚铜的生成和性质。在盛有 0.5mL 0.2mol/L $CuSO_4$溶液的试管中，边滴加 0.2mol/L KI 溶液边振荡，溶液变为棕黄色(CuI 为白色沉淀，I_2溶于 KI 呈黄色)；再滴加适量 0.5 mol/L $Na_2S_2O_3$溶液，以除去反应中生成的碘。观察产物的颜色和状态，写出化学反应方程式。

思考：加入 $Na_2S_2O_3$ 是为了和沉淀中产生的碘作用，而便于观察碘化亚铜白色沉淀的颜色，但若 $Na_2S_2O_3$ 过量，则看不到白色沉淀，为什么？

(3)汞(Ⅱ)与汞(Ⅰ)的相互转化。

①Hg^{2+}的氧化性。在 5 滴 0.2mol/L $Hg(NO_3)_2$溶液中，逐滴加入 0.2mol/L $SnCl_2$溶液(由适量→过量)，观察现象，写出化学反应方程式。

②Hg^{2+}转化为 Hg_2^{2+} 的歧化分解。在 0.5mL 0.2mol/L $Hg(NO_3)_2$溶液中，

滴入几滴金属汞，充分振荡，用滴管把上层清液转入 2 支试管中(余下的汞要回收)：在一支试管中加入 0.2mol/L NaCl 溶液；另一支试管中滴入 2mol/L 氨水，观察现象，写出化学反应方程式。

思考：在使用汞时应该注意什么？为什么汞要用水封存？用平衡原理预测在 $Hg(NO_3)_2$ 溶液中通入硫化氢(H_2S)气体后，生成的沉淀物为何物？请加以解释。

【思考题】

(1)在制备氯化亚铜时，能否用氯化铜和碎铜屑在用盐酸酸化呈微酸的酸性条件下反应？为什么？若用浓氯化钠溶液代替盐酸，此反应能否进行？为什么？

(2)根据钠、钾、镁、铝、锡、铅、铜、银、锌、镉、汞的标准电极电势，推测这些金属的活动顺序。

(3)当 SO_2 硫通入 $CuSO_4$ 饱和溶液和 NaCl 饱和溶液的混合液时，将发生什么反应？能观察到什么现象？试说明，并写出相应的化学反应方程式。

(4)选用什么试剂来溶解 $Cu(OH)_2$、CuS、AgBn 及 AgI 沉淀？

(5)现有 3 瓶已失去标签的 $Hg(NO_3)_2$ 溶液、$HgNO_3$ 溶液和 $AgNO_3$ 溶液，至少用 2 种方法进行区分。

(6)试用实验说明黄铜的组成是铜和锌(其他成分可不考虑)。

实验九　氯化铵生成焓的测定

【实验目的】

(1)利用量热计测定 NH_4Cl 生成焓，加深对盖斯定律的理解。

(2)学习根据实验数据作图。

【实验原理】

热力学标准状态下(一般指 298K)，由指定单质生成 1mol 化合物时的反应焓变称为该化合物的“标准摩尔生成焓”。标准摩尔生成焓一般可通过测定有关反应热间接求得。本实验分别测定氨水和盐酸的中和反应热，以及氯化铵固体

$[NH_4Cl(s)]$的溶解热，然后利用氨水和盐酸的标准摩尔生成焓，通过盖斯定律计算求得氯化铵固体的标准摩尔生成焓。

计算方法：

$$\begin{array}{ccc} NH_3(aq)+HCl(aq) & \xrightarrow{\Delta_r H_m^{\ominus}} & NH_4Cl(s) \\ & & \downarrow \Delta_r H_{溶解} \\ & \xrightarrow{\Delta_r H_{中和}} & NH_4Cl(aq) \end{array}$$

由盖斯定律可得：

$$\Delta_r H_{中和} = \Delta_r H_m^{\ominus} + \Delta_r H_{溶解} \tag{1}$$

同时，据上述反应，可求得此反应的反应焓变：

$$\Delta_r H_m^{\ominus} = \sum_i V_i \Delta_f H^{\ominus}_{(生成物)} - \sum_i V_i \Delta_f H^{\ominus}_{(反应物)} \quad (V_i 为反应系数)$$

整理上式得：

$$\Delta_r H_m^{\ominus} = \Delta_f H^{\ominus}_{m\,NH_4Cl(s)} - [\Delta_f H^{\ominus}_{m\,NH_3(aq)} + \Delta_f H^{\ominus}_{m\,HCl(aq)}] \tag{2}$$

（注：$\Delta_r H_m^{\ominus}$；r—reaction；$\Delta_r H$ 表示反应焓变；m——反应的进度为 1mol；$H^{\ominus}_{m,298}$——标准状态下的摩尔焓变；$\Delta_f H^{\ominus}_{m,298}$——物质的标准摩尔生成焓。）

将(1)代入(2)得：

$$\Delta_r H_{中和} - \Delta_r H_{溶解} = \Delta_f H_{NH_4Cl(s)} - [\Delta_f H^{\ominus}_{m\,NH_3(aq)} + \Delta_f H^{\ominus}_{m\,HCl(aq)}]$$

整理上式可得：

$$\Delta_f H^{\ominus}_{m\,NH_4Cl(s)} = \Delta_r H_{中和} - \Delta_r H_{溶解} + [\Delta_f H^{\ominus}_{m\,NH_3(aq)} + \Delta_f H^{\ominus}_{m\,HCl(aq)}] \tag{3}$$

查某些物质的热力学函数表可得：

$$\Delta_f H^{\ominus}_{m\,NH_3(aq)} = -80.3\text{kJ} \cdot \text{mol}^{-1}$$

$$\Delta_f H^{\ominus}_{m\,HCl(aq)} = -167.2\text{kJ} \cdot \text{mol}^{-1}$$

中和热和溶解热可采用简易量热计来测量。当反应在量热计中进行时，反应放出或吸收的热量将使量热计系统温度升高或降低，因此，只要测定量热计系统温度的改变值 ΔT 以及量热计系统的热容量 C 就可以利用下式计算出反应的热效应。

$$\Delta_r H_{中和} = -\frac{C \cdot \Delta T}{n} \tag{4}$$

（n 为被测物质的物质的量）

量热计系统的热容量 C 是指量热计系统温度升高 1K 时所需的热量。测定量热计系统的热容量有多种方法，本实验采用了化学反应标定法，即利用盐酸和氢氧化钠水溶液在量热计内的反应，在测定其系统温度的改变值 ΔT 后，根据已知的中和反应热（$\Delta_r H^{\ominus} = -57.3 kJ \cdot mol^{-1}$）可求出量热计系统的热容量 C。

$$C = -\frac{n \cdot \Delta_r H^{\ominus}}{\Delta T} \tag{5}$$

（注：虽然各种盐溶液的热容量略有差别，但在本实验可不予考虑。）

【仪器和试剂】

仪器：量热计（由保温杯、一支 1/10K 刻度的温度计或数显温度计组成），烧杯（100mL），量筒（100mL），温度计等。

试剂：NaOH（1.0mol/L），HCl（1.0mol/L，1.5mol/L），$NH_3 \cdot H_2O$（1.5mol/L），$NH_4Cl(s)$等。

温馨提示：NaOH 是一种强碱，俗称“苛性钠”、“烧碱”、“火碱”，对蛋白质有溶解作用，腐蚀性强，因此，对皮肤和黏膜有强烈的刺激和腐蚀作用。用 0.02% NaOH溶液滴入兔眼，可引起角膜上皮损伤。吸入 NaOH 的粉尘或烟雾，可引起化学性上呼吸道炎。皮肤接触 NaOH 可引起灼伤。NaOH 溅入眼内，可发生结膜炎、结膜水肿、结膜或角膜坏死，严重者可致失明。皮肤污染可用清水彻底冲洗；当 NaOH 溶液溅入眼内时，应迅速用大量清水冲洗，不可用酸性液体中和。

【实验步骤】

1. 量热计热容量的测定

量取 50mL 1.0mol/L NaOH 溶液于量热计中，盖好杯盖并搅拌，至温度变化基本不变。量取 50mL 1.0mol/L HCl 溶液于 100mL 烧杯中，用一支温度计测量酸的温度，要求酸碱温度基本一致，若不一致，可用手温热或用水冷却。实验开始，每隔 10s 记录一次 NaOH 溶液的温度，并于 3min 后打开杯盖，把酸一次性加入量热计中，立即盖好杯盖并搅拌，继续记录温度和时间，待温度上升至最高点后继续观察 3min，以确保过最高点后，至少有 5 组数据。作出温度一时间关系图，按外推法求 ΔT 并计算量热计系统的热容量。

2. $NH_3 \cdot H_2O$ 与 HCl 中和热的测定

洗净量热计，以 1.5mol/L $NH_3 \cdot H_2O$ 代替 1.0mol/L NaOH，以 1.5mol/L HCl 代替 1.0mol/L HCl 重复上述实验。作图求 ΔT，并计算中和反应热 $\Delta H_{中和}$。

3. NH_4Cl 溶解热的测定

在干净的量热计中加入 100mL 蒸馏水，搅拌，使系统温度趋于稳定，然后记录时间一温度数据（30s 记一次），于 3min 后加入 0.1mol NH_4Cl 固体（如何确定其用量?），立即盖好杯盖并振荡（可适当振荡量热计，以促使 NH_4Cl 溶解），继续记录时间一温度数据，直到温度下降至最低点，最后继续观察 3min，以确保过最低点后，至少有 5 组数据。作图求 ΔT，计算 NH_4Cl 的熔解热 $\Delta H_{溶解}$。

【数据记录与处理】

（1）分别列表记录有关实验的时间一温度数据。

表 4-5　时间一温度数据记录表

时间(s)				
温度(K)				

（2）作温度一时间图，用图 4-1 和图 4-2 所示外推法求 ΔT。

（3）计算量热计热容量、中和热、溶解热和 $NH_4Cl(s)$ 标准摩尔生成焓。

【思考题】

（1）怎样利用盖斯定律计算 $NH_3(aq)$ 的生成焓和 HCl(aq) 的生成焓?

（2）如果实验中有少量 HCl 溶液或 NH_4Cl 固体粘附在量热计器壁上，对实验结果有何影响?

附　外推法

对一些不能或不易直接测定的数据，在适当的条件下，可用作图外推的方法取得。所谓“外推法”，就是将测量数据间的函数关系外推至测量范围以外，以求得测量范围以外的函数值。但必须指出，只有在有充分理由确信外推所得结果是可靠的时候，外推法才有实际价值。即外推的那段范围与实测的范围不能相距太

远，且在此范围内被测定变量间的函数关系应呈线性或可认为是线性。在本实验中，2 种溶液刚混合时的最高温度不易直接测得，但可测得混合后随时间变化的温度值，通过作温度—时间图，外推得出最高温度（或最低温度）。

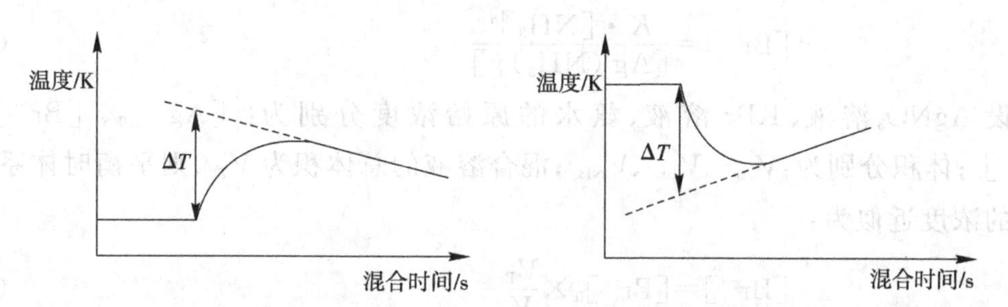

图 4-1　温度一时间关系图（温度升高）　图 4-2　温度一时间关系图（温度降低）

实验十　银氨配离子配位数的测定

【实验目的】

（1）应用配位平衡和溶度积原理测定银氨配离子$[Ag(NH_3)_n]^+$的配位数 n。

（2）了解沉淀滴定法在无机化学中的应用。

【实验原理】

在硝酸银水溶液中加入过量的氨水，即生成稳定的银氨配离子$[Ag(NH_3)_n]^+$，再往溶液中加入溴化钾溶液（KBr），直到刚出现的 AgBr 沉淀不消失为止，这时混合溶液中同时存在着如下平衡。

$$Ag^+ + nNH_3 \rightleftharpoons [Ag(NH_3)_n]^+$$

$$\frac{[Ag(NH_3)_n^+]}{[Ag^+][NH_3]^n} = K_{稳} \tag{1}$$

$$AgBr(s) \rightleftharpoons Ag^+ + Br^-$$

$$[Ag^+][Br^-] = K_{sp} \tag{2}$$

(1)式×(2)式得：

$$\frac{[Ag(NH_3)_n^+][Br^-]}{[NH_3]^n}=K_{稳}\cdot K_{sp}=K \tag{3}$$

整理(3)式得：

$$[Br^-]=\frac{K\cdot[NH_3]^n}{[Ag(NH_3)_n^+]} \tag{4}$$

设 $AgNO_3$ 溶液、KBr 溶液、氨水的原始浓度分别为：$[Ag^+]_0$、$[Br^-]_0$、$[NH_3]_0$；体积分别为：V_{Ag^+}、V_{Br^-}、V_{NH_3}；混合溶液的总体积为 $V_{总}$，则平衡时体系各组分的浓度近似为：

$$[Br^-]=[Br^-]_0\times\frac{V_{Br^-}}{V_{总}} \tag{5}$$

$$[NH_3]=\frac{[NH_3]_0\times V_{NH_3}}{V_{总}} \tag{6}$$

$$[Ag^+]=[Ag^+]_0\times\frac{V_{Ag^+}}{V_{总}}\quad(\because NH_3\text{ 过量},\therefore[Ag(NH_3)_n^+]\approx[Ag^+])$$

$$\Rightarrow[Ag(NH_3)_n^+]=[Ag^+]_0\times\frac{V_{Ag^+}}{V_{总}} \tag{7}$$

将(5)、(6)、(7)式代入(4)式，整理后得：

$$V_{Br^-}=K\cdot V_{NH_3}^n\cdot\left(\frac{[NH_3]_0}{V_{总}}\right)\Big/\frac{[Br^-]_0}{V_{总}}\cdot\frac{[Ag^+]_0\cdot V_{Ag^+}}{V_{总}} \tag{8}$$

本实验采用改变氨水的体积(V_{NH_3})，在各组分起始浓度($[Ag^+]_0$、$[Br^-]_0$、$[NH_3]_0$)和 $V_{总}$、V_{Ag^+} 在实验过程均保持不变的情况下进行的。

因此，(8)式可写成

$$V_{Br^-}=K\cdot V_{NH_3}^n\cdot K_1 \tag{9}$$

$$K_1=K_{sp}\cdot K_{稳};K'=K\cdot K_1$$

$$\Rightarrow V_{Br^-}=K'\cdot V_{NH_3}^n \tag{10}$$

(10)两边取对数得方程式：

$$\lg V_{Br^-}=n\lg V_{NH_3}+\lg K'$$

以 $\lg V_{Br^-}$ 为纵坐标，$\lg V_{NH_3}$ 为横坐标作图 4-3，直线的斜率便是$[Ag(NH_3)_n]^+$的配位数 n。

【仪器和试剂】

仪器：锥形瓶(250mL)，酸式滴定管(50mL)，移液管(25mL)，洗耳球。

试剂：$AgNO_3$(0.010mol/L)，KBr(0.010mol/L)，$NH_3 \cdot H_2O$(2.00mol/L)。

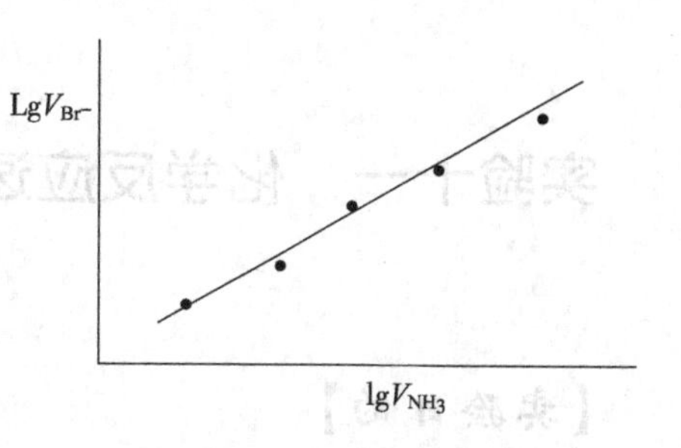

图 4-3 配位数的测定图

【实验步骤】

按照表 4-6 各编号所列数量依次加入 $AgNO_3$溶液、$NH_3 \cdot H_2O$ 和蒸馏水于各编号锥形瓶中，在不断缓慢振荡下从滴定管中逐滴加入 KBr 溶液，直到溶液开始出现的浑浊不再消失为止(沉淀为何物?)，记下所用 KBr 溶液的体积。从编号 2 开始，当滴定接近终点时，还要补加适量的蒸馏水，继续滴定至终点，使溶液的总体积都与编号 1 组实验溶液的总体积基本相同。

【实验结果】

表 4-6 实验十数据记录表

编号	V_{Ag^+}/cm^3	V_{NH_3}/cm^3	V_{H_2O}/cm^3	V_{Br^-}/cm^3	V'_{H_2O}/cm^3	V/cm^3	lgV_{NH_3}	lgV_{Br^-}
1	20.00	40.00	40.00					
2	20.00	35.00	45.00					
3	20.00	30.00	50.00					
4	20.00	25.00	55.00					
5	20.00	20.00	60.00					
6	20.00	15.00	65.00					
7	20.00	10.00	70.00					

(1)根据有关数据作图，求出 $[Ag(NH_3)_n]^+$ 配离子的配位数 $n(n=2)$。

(2)查阅必要数据，求出 $K_{稳}$。

【注意事项】

(1)在滴定过程中要不断、缓慢摇荡锥形瓶。

(2)滴定接近终点时，补加适量水，使其他组与编号 1 组实验溶液的总体积相同。

(3)到达滴定终点时，溶液中出现的浑浊很淡，浑浊的量很少。

实验十一　化学反应速率、反应级数和活化能的测定

【实验目的】

(1)了解浓度、温度和催化剂对反应速率的影响。

(2)测定过二硫酸铵与碘化钾反应的平均反应速率、反应级数、速度常数和活化能。

【实验原理】

在水溶液中,过二硫酸铵与碘化钾发生如下反应:

$$(NH_4)_2S_2O_8+3KI \rightleftharpoons (NH_4)_2SO_4+K_2SO_4+KI_3$$

反应的离子方程式为:

$$S_2O_8^{2-}+3I^- \rightleftharpoons 2SO_4^{2-}+I_3^- \tag{1}$$

该反应的平均反应速率与反应物浓度的关系可用下式表示:

$$v=\frac{-\Delta[S_2O_8^{2-}]}{\Delta t}\approx K[S_2O_8^{2-}]^m[I^-]^n$$

式中,$-\Delta[S_2O_8^{2-}]$为 $S_2O_8^{2-}$ 在 Δt 时间内物质的量浓度的改变值,$[S_2O_8^{2-}]$、$[I^-]$分别为 2 种离子初始浓度(mol/L),K 为反应速率常数,m 和 n 为反应级数。

为了能够测定 $\Delta[S_2O_8^{2-}]$,在$(NH_4)_2S_2O_8$和 KI 混合溶液时,同时加入一定体积的已知浓度的 $Na_2S_2O_3$溶液和作为指示剂的淀粉溶液,这样在反应(1)进行的同时,也进行着如下的反应:

$$2S_2O_3^{2-}+I_3^- \rightleftharpoons S_4O_6^{2-}+3I^- \tag{2}$$

反应(2)进行得非常快,几乎瞬间完成,而反应(1)却慢得多,是因为由反应(1)生成的 I^- 立刻与 $S_2O_3^{2-}$ 作用生成无色的 $S_4O_6^{2-}$ 和 I^-,因此,在反应开始阶段,看不到碘与淀粉作用而显示出来的特有蓝色,但是一旦 $Na_2S_2O_3$耗尽,反应(1)继续生成的微量 I_3^- 立即使淀粉溶液显示蓝色。因此,蓝色的出现就标志着反应(2)的完成。

从化学反应方程式(1)和(2)的计量关系可以看出,$S_2O_8^{2-}$ 浓度减少的量等于

$S_2O_3^{2-}$浓度减少量的一半，即：

$$\Delta[S_2O_8^{2-}]=\Delta[S_2O_3^{2-}]/2$$

由于$S_2O_3^{2-}$在溶液显示蓝色时已全部耗尽，所以$\Delta[S_2O_3^{2-}]$实际上就是反应的开始时$Na_2S_2O_3$的初始浓度。因此，只要记下从反应开始到溶液出现蓝色所需要的时间，就可以计算反应(1)的平均反应速率。

在固定$[S_2O_3^{2-}]$、改变$[S_2O_8^{2}]$和$[I^-]$的条件下进行一系列实验，测得不同条件下的反应速率，就能根据$v=K[S_2O_8^{2-}]^m[I^-]^n$的关系推出反应的级数。

再由下式可进一步求出反应速率常数v。

$$K=\frac{v}{[S_2O_8^{2-}]^m[I^-]^n}$$

根据阿累尼乌斯公式，反应速率常数与反应温度有如下关系，由$v=K[S_2O_8^{2-}]^m[I^-]^n$的关系推出反应的反应级数。

根据阿累尼乌斯公式，反应速率常数K与反应温度有如下关系：

$$\lg K=\frac{-Ea}{2.303RT}+\lg A$$

式中，Ea为反应的活化能，R为气体常数，T为绝对温度。因此，只要测得不同温度时的K值，以$\lg K$对$\frac{1}{T}$作图，可得一条直线，由直线的斜率可求得反应的活化能Ea：

$$斜率=\frac{-Ea}{2.303R}$$

【仪器和试剂】

仪器：恒温水浴锅，烧杯，温度计等。

试剂：KI(0.20mol/L)，$(NH_4)_2S_2O_8$(0.20mol/L)，$Na_2S_2O_3$(0.010mol/L)，KNO_3(0.20mol/L)，$(NH_4)_2SO_4$(0.20mol/L)，$Cu(NO_3)_2$(0.020mol/L)，淀粉等。

温馨提示：$(NH_4)_2S_2O_8$为白色结晶或粉末，无气味，干燥纯品能稳定数月，受潮时逐渐分解放出含臭氧的氧，受热则分解出氧气而成为焦硫酸铵；易溶于水，水溶液呈酸性，并在室温中逐渐分解，在较高温度时很快分解放出氧气，并生成硫酸氢铵；食品级的过硫酸铵用作小麦改质剂、啤酒酵母防霉剂；对皮肤、黏膜有刺激性和腐蚀性，吸入后引起鼻炎、喉炎、咳嗽等，眼、皮肤接触可引起强烈刺激、疼痛甚至灼伤，长期皮肤接触可引起变应性皮炎。

【实验步骤】

1. 浓度对反应速度的影响

在室温条件下按下表中编号1的用量分别量取KI溶液、淀粉、$Na_2S_2O_3$溶液于250mL烧杯中，用玻璃棒搅拌均匀；再量取$(NH_4)_2S_2O_8$溶液，迅速加到烧杯中，同时按动秒表，立刻用玻璃棒将溶液搅拌均匀。观察溶液，刚一出现蓝色，立即停止计时，记录反应时间、反应速率和反应速率常数K。

表4-7　实验数据记录表

实验编号		1	2	3	4	5
试剂用量(mL)	0.20mol/L KI	20	20	20	10	5.0
	0.2%(m)淀粉	4.0	4.0	4.0	4.0	4.0
	0.01mol/L $Na_2S_2O_3$	8.0	8.0	8.0	8.0	8.0
	0.20mol/L KNO_3	/	/	/	10	15
	0.20 mol/L $(NH_4)_2SO_4$	/	10	15	/	/
	0.20mol/L $(NH_4)_2S_2O_8$	20	10	5.0	20	20
反应时间 $\Delta t/s$						
反应速率 $v[C(\Delta[S_2O_3^{2-}])/2\Delta t]$						
反应速率常数 K						

用同样的方法编号实验2～5。为了使溶液的离子强度和总体积保持不变，在实验编号2～5中所减少的KI溶液或$(NH_4)_2S_2O_8$溶液的量分别用KNO_3溶液和$(NH_4)_2SO_4$溶液补充。

2. 温度对反应速度的影响

按上表实验编号4的用量，分别加入KI、淀粉、$Na_2S_2O_3$溶液和KNO_3溶液于250mL烧杯中，搅拌均匀，在一个大试管中加入$(NH_4)_2S_2O_8$溶液，将烧杯和试管中的溶液温度控制在283K左右，把试管中的$(NH_4)_2S_2O_8$溶液迅速倒入烧杯中，按动秒表，搅拌，记录反应时间和温度。分别在293K、303K和313K的条件下重复上述实验，记录反应时间和温度。

3. 催化剂对反应速度的影响

按上表实验编号4的用量分别加入KI、淀粉、$Na_2S_2O_3$溶液和KNO_3溶液于150mL烧杯中，再加入2滴0.020mol/L $Cu(NO_3)_2$溶液，搅拌均匀，迅速加入$(NH_4)_2S_2O_8$溶液，按动秒表、搅拌，记录反应时间。

注意：$(NH_4)_2S_2O_8$溶液必须最后加入，加入后立即计时；当加入烧杯的KI、淀粉、$Na_2S_2O_3$和KNO_3溶液，与待加入的$(NH_4)_2S_2O_8$溶液处于同一温度时，才能混合计时。

【数据记录与处理】

(1)列表记录实验数据。

(2)分别计算编号1～5各个实验的平均反应速度，然后求反应级数和反应速率常数K。

(3)分别计算4个不同温度实验的平均反应速率以及反应速率常数K，然后以$\lg K$为纵坐标，$\frac{1}{T}$为横坐标作图，求活化能Ea。

(4)根据实验结果讨论浓度、温度、催化剂对反应速度及反应速率常数的影响。

【思考题】

(1)在向KI、淀粉和$Na_2S_2O_3$混合溶液中加入$(NH_4)_2S_2O_8$溶液时，为什么越快越好？

(2)在加入$(NH_4)_2S_2O_8$溶液时，先计时后搅拌或者先搅拌后计时，对实验结果各有何影响？

第五章　定量分析化学实验

实验十二　电子分析天平的称量练习

【实验目的】

(1)熟记电子分析天平的使用规则，掌握电子分析天平的直接称量法和差减法。

(2)了解电子分析天平的构造及在定量分析中如何正确地使用，实验前要求预习电子分析天平及称量方法介绍。

(3)了解电子分析天平的最大载荷和最小分度值(灵敏度)，掌握电子分析天平的称量方法和维护。

【实验原理】

电子分析天平是利用电磁力与物体的重力相平衡原理实现测量。由于电子分析天平采用了电磁力自动补偿电路原理，当秤盘加载时(注意不要超过称量范围)，电磁力会将秤盘推回到原来的平衡位置，使电磁力与被称物体的重力相平衡，经电路系统采样处理后显示相应的数值。电子分析天平最基本的功能是：自动调零、自动校准、自动扣除空白和自动显示称量结果。因此，使用电子分析天平称量方便、迅速、读数稳定、准确度高。

对一些不易吸水、在空气中稳定、无腐蚀性的样品，可以用直接称量法称量。当待称量物质易吸水、易氧化、易吸收 CO_2 等物质时，应用差减法(或减量法)称

量，即两次称量之差就是所要称量物质的质量。

【仪器和试剂】

仪器：电子分析天平，称量瓶，烧杯，干燥器等。

试剂：铝片，无水 Na_2CO_3 等。

【实验内容】

1. 直接称量法称量铝片

将铝片直接放在电子分析天平托盘上，待读数稳定后，记录称量数据（表 5-1）。

2. 差减法称量 Na_2CO_3

用纸带套住已装入试样的称量瓶（**注意：手不要直接与称量瓶接触**），轻轻放在电子分析天平的托盘上，准确称量其质量 m_1，记录数据（读数应精确至0.1mg）。然后用纸带套住称量瓶将其从电子分析天平中取出。另取一纸片放在称量瓶盖上，在烧杯口上方隔着纸片取下称量瓶盖，使称量瓶口略倾斜，用称量瓶盖轻轻敲击称量瓶口侧上方，使试样倾倒于烧杯中。倾倒结束时，缓缓将称量瓶身摆正，同时，用称量瓶盖轻轻敲击称量瓶口，在此过程中称量瓶不得离开烧杯口上方。盖好称量瓶盖，放入电子分析天平中称重，准确称量其质量 m_2，记录数据。则倾出试样的质量 m 为（m_1-m_2）。要求每人称量 3 份无水 Na_2CO_3，每份质量为 0.13～0.15g，记录称量数据（表 5-2）。

【数据记录与处理】

表 5-1 铝片的称量数据记录

铝片编号	
铝片的质量（m_1-m_2）/g	

表 5-2 无水 Na_2CO_3 的称量数据记录

项目			
称量瓶+试样质量（m_1/g）			
倾出部分试样后称量瓶及试样质量（m_2/g）			

续表

项目			
倾出试样的质量(m/g) ($m=m_1-m_2$)			

【思考题】

(1)本次实验使用的天平可读到小数点后几位(以g为单位)?

(2)直接称量法和差减法称量各有何优缺点?分别在什么情况下选用这2种方法?

(3)在差减法称量过程中,若称量瓶内试样吸湿,对称量结果有无影响?若试样倾倒于烧杯中后再吸湿,对称量结果有无影响?

实验十三 酸碱标准溶液的配制和浓度的比较

【实验目的】

(1)练习滴定操作,学会正确使用滴定管和读数方法。

(2)练习酚酞和甲基橙指示剂的使用和终点的判断,初步掌握酸碱指示剂的选择方法。

(3)学会分析数据的正确记录和计算方法,掌握相对平均偏差的计算方法。

【实验原理】

酸碱滴定法又称"中和法",是以酸碱反应为基础的滴定分析法,常采用强酸、强碱等溶液为滴定剂,根据 $cK_a \geqslant 10^{-8}$ 的判据判断能否准确滴定,如 NaOH、Na_2CO_3、H_3PO_4、HAc、吡啶盐等均能被滴定。

但是,某些酸的离解常数$\leqslant 10^{-7}$的弱酸以及在水中溶解度较小的有机物质,在水溶液中无法测定但可在非水溶液中测定,如"α-氨基酸、NaAc、乳酸钠、枸橼酸钠、苯甲酸钠、磺酰胺类等,从而扩大了酸碱滴定法的应用范围。某些盐类在水溶液中显示的酸碱性不强,无法用酸碱滴定法直接测定其含量,如将这些盐类的

水溶液通过离子交换树脂交换后，则将定量地释放出强酸或强碱，从而可用酸碱滴定法滴定，如 $NaCl$、$NaNO_3$、KCl、KNO_3、Na_2SO_4、枸橼酸钠等组分可利用离子交换—酸碱滴定法测定。

酸碱标准溶液一般配成 0.1mol/L，有时也可配成1mol/L或 0.01mol/L，但浓度过高时误差较大；浓度太稀，滴定的突跃范围减小，指示剂变色不明显，会引起误差。稀盐酸、稀硫酸是最常用的酸标准溶液，具有较好的稳定性。碱标准溶液常用 NaOH 和 KOH 来配制，也可用中强碱 $Ba(OH)_2$来配制，但最常用的是 NaOH 溶液。

NaOH 溶液容易吸收空气中的水蒸气和 CO_2，浓盐酸易挥发放出 HCl 气体，它们都不是基准物质，因此，都不能用直接法配制标准溶液，只能用间接法配制，即先配制近似浓度的溶液，再用基准物质或其他标准溶液对其进行准确浓度的标定。

NaOH 溶液与 HCl 溶液相互滴定的化学反应方程式为：

$$NaOH + HCl = NaCl + H_2O$$

当酸碱反应达到理论终点时，$c_{NaOH}V_{NaOH} = c_{HCl}V_{HCl}$。若用 HCl 溶液来滴定 NaOH 溶液，则选择甲基橙为指示剂，终点时溶液由黄色变为橙色；若用 NaOH 溶液来滴定 HCl 溶液，则选择酚酞为指示剂，终点时溶液由无色变为微红色，持续 30s 不褪色。

【仪器和试剂】

仪器：酸碱两用滴定管（50mL），碱式滴定管（50mL），锥形瓶（250mL），烧杯（500mL），量筒（10mL、100mL），电子分析天平等。

试剂：NaOH（分析纯，AR），浓盐酸（分析纯，AR），0.1%酚酞指示剂，0.1%甲基橙指示剂等。

【实验步骤】

1. 酸碱溶液的配制

（1）配制 0.1mol/L HCl 溶液。计算配制 500mL 溶液所需浓盐酸（相对密度为 1.19，约 12mol/L）的体积。然后，用小量筒量取等体积的浓盐酸，加入水中，并稀释成 500mL 溶液，充分搅拌均匀。

(2)配制 0.1mol/L NaOH 溶液。计算配制 500mL 溶液所需的固体 NaOH 的质量，在电子分析天平上迅速称出，置于烧杯中，立即用 500mL 水溶解，充分搅拌均匀。

2. 酸碱溶液浓度的比较

(1)将 HCl 溶液和 NaOH 溶液分别装入酸、碱滴定管(或酸碱两用滴定管)，并把液面刻度调到近刻度"0"处，静置 1min 再调至刻度"0"处(以能准确读数为准)，记录初始读数(精确至 0.01mL)。

(2)准确移取 25.00mL NaOH 溶液于锥形瓶中，加 1～2 滴 0.1%甲基橙指示剂，用 HCl 标准溶液滴定，溶液由黄色变橙色，即为滴定终点，记录最终读数。

(3)准确移取 25.00mL HCl 溶液于锥形瓶中，加 1～2 滴 0.1%酚酞指示剂，用 NaOH 标准溶液滴定，溶液呈微红色且保持 30s 不变即为终点，记录最终读数。

(4)平行测定 3 次(每次测定都必须将酸、碱溶液重新装至滴定管的刻度"0"附近)，将数据记录在下表中，计算酸碱溶液的体积比。

【数据记录与处理】

表 5-3 实验十三数据记录表

<table>
<tr><td>序次
记录项目</td><td colspan="2">Ⅰ</td><td colspan="2">Ⅱ</td><td colspan="2">Ⅲ</td></tr>
<tr><td>NaOH(滴定管终读数)/mL</td><td colspan="2"></td><td colspan="2"></td><td colspan="2"></td></tr>
<tr><td>NaOH(滴定管初读数)/mL</td><td colspan="2"></td><td colspan="2"></td><td colspan="2"></td></tr>
<tr><td>V_{NaOH}(滴定消耗的体积)/mL</td><td colspan="2"></td><td colspan="2"></td><td colspan="2"></td></tr>
<tr><td>HCl(滴定管终读数)/mL</td><td colspan="2"></td><td colspan="2"></td><td colspan="2"></td></tr>
<tr><td>HCl(滴定管初读数)/mL</td><td colspan="2"></td><td colspan="2"></td><td colspan="2"></td></tr>
<tr><td>V_{HCl}(滴定消耗的体积)/mL</td><td colspan="2"></td><td colspan="2"></td><td colspan="2"></td></tr>
<tr><td>$V_{NaOH}/V_{HCl}(x_i)$</td><td></td><td></td><td></td><td></td><td></td><td></td></tr>
<tr><td>V_{NaOH}/V_{HCl}(平均)$(\bar{x})$</td><td colspan="6"></td></tr>
<tr><td>个别测定的绝对误差
$|x_i-\bar{x}|$</td><td></td><td></td><td></td><td></td><td></td><td></td></tr>
<tr><td>相对平均偏差$\frac{\bar{d}}{\bar{x}}\times 100\%$</td><td colspan="6"></td></tr>
</table>

【思考题】

(1)在装入标准溶液之前,滴定管为什么要用标准溶液润洗3次?滴定中使用的锥形瓶是否需要用溶液润洗3次?

(2)用碱标准溶液滴定酸溶液时,以酚酞为指示剂滴定到微红色,放置一段时间后为什么微红色会消失?是否需要再次滴定?

(3)本实验中,配制酸、碱标准溶液时,为什么只用量筒量取?

实验十四 盐酸标准溶液的配制与标定

【实验目的】

(1)练习容量分析的基本操作及容量仪器的使用方法和操作技巧。

(2)进一步熟悉差减法称量。

(3)设计用无水碳酸钠或硼砂标定盐酸的方法。

【实验原理】

在滴定分析法中,标准溶液的配制有2种方法:直接法和标定法。基准物质可采用直接法配制为标准溶液;不能直接配制成准确浓度的标准溶液,可先配制成溶液,然后选择基准物质标定。,由于盐酸不符合基准物质的条件,所以只能用标定法配制,再用基准物质来标定。标定盐酸常用的基准物质有无水碳酸钠(Na_2CO_3)和硼砂($Na_2B_4O_7 \cdot 10H_2O$)。

方法一:用Na_2CO_3为基准物标定HCl标准溶液的浓度。由于Na_2CO_3易吸收空气中的水分,因此,采用市售基准试剂级的Na_2CO_3时,应预先将Na_2CO_3在180°C下充分干燥并保存于干燥器中。

$$Na_2CO_3+2HCl \rightleftharpoons 2NaCl+H_2O+CO_2\uparrow$$

该方法所用指示剂为溴甲酚绿－二甲基黄(深红色),变色点pH＝3.9,碱色(绿色)→ 酸色(亮黄色)。

方法二:$Na_2B_4O_7 \cdot 10H_2O$较易提纯,不易吸湿,性质比较稳定,而且摩尔质

量大,可以减少称量误差。$Na_2B_4O_7 \cdot 10H_2O$ 与盐酸的反应方程式为:

$$Na_2B_4O_7 \cdot 10H_2O + 2HCl \rightleftharpoons 2NaCl + 4H_3BO_3 + 5H_2O$$

达到化学计量点时,由于生成的硼酸是弱酸,溶液的 pH 约为 5,所以可用甲基红作指示剂。

【仪器和试剂】

仪器:酸碱两用滴定管(50mL),称量瓶,锥形瓶(250mL),烧杯(500mL),量筒(10mL、100mL),电子分析天平等。

试剂:浓盐酸(AR),溴甲酚绿—二甲基黄指示剂,Na_2CO_3(基准物质),$Na_2B_4O_7 \cdot 10H_2O$(AR),甲基红指示剂(0.1%乙醇溶液)等。

【实验步骤】

1. 0.1mol/L HCl 溶液的配制

计算配制 500mL 0.1mol/L HCl 溶液所需浓盐酸(相对密度为 1.19,约 12mol/L)的体积,然后,用小量筒量取此体积的浓盐酸,加入水中,并稀释成 500mL 溶液,充分搅拌均匀。

2. HCl 浓度的标定

方法一:在电子分析天平上用差减法称取已烘干的 Na_2CO_3 3 份(0.13~0.15g),读数精确至小数点后 4 位,置于 250mL 锥形瓶中,加水约 25mL,振荡使之溶解,以溴甲酚绿—二甲基黄为指示剂(1~3 滴),用 HCl 标准溶液滴定至溶液由绿色转变为亮黄色;记下 HCl 溶液的耗用量,并计算 HCl 标准溶液的浓度。

方法二:从称量瓶中用差减法准确称取纯净硼砂 3 份(0.3~0.4g),读数精确至小数点后 4 位,置于 250mL 锥形瓶中,加 20mL 蒸馏水使之溶解(可稍加热,以加快溶解,但溶解后需冷却至室温);滴入甲基红指示剂(2~3 滴),用 HCl 标准溶液滴定至溶液由黄色恰好变橙色为止;记录数据,计算 HCl 标准溶液的准确浓度。

【数据记录与处理】

表 5-4　实验数据记录表

测定次数	Ⅰ	Ⅱ	Ⅲ
倾倒前 Na_2CO_3＋称量瓶质量(m_1/g)			
倾倒后 Na_2CO_3＋称量瓶质量(m_2/g)			
Na_2CO_3 质量 m/g(精确到 0.1mg)			
HCl 溶液终读数/mL			
HCl 溶液初读数/mL			
V(HCl)/mL			
c(HCl)/mol·L^{-1}			
$\bar{c}$(HCl)/mol·L^{-1}			
相对平均偏差			

【思考题】

(1)用 Na_2CO_3 为基准物质标定 HCl 溶液时，为什么不用酚酞作指示剂？

(2)草酸钠能否用来标定 HCl 溶液？

实验十五　氢氧化钠标准溶液的配制与标定

【实验目的】

(1)进一步掌握差减法。

(2)学习用邻苯二甲酸氢钾标定氢氧化钠的方法。

【实验原理】

氢氧化钠标准溶液和盐酸标准溶液一样，只能用间接法配制，其浓度的确定也可以用基准物质来标定，常用的有草酸和邻苯二甲酸氢钾等，本实验采用邻苯二甲酸氢钾。邻苯二甲酸氢钾($KHC_8H_4O_4$，摩尔质量为 204.2g·mol^{-1})摩尔质量大，易纯化，且不易吸收水分，是标定碱的良好的基准物质，到达化学计量点时，溶液呈弱碱性，可用酚酞作指示剂。它与氢氧化钠的方程式反应为：

$$KHC_8H_4O_4 + NaOH \rightleftharpoons KNaHC_8H_4O_4 + H_2O$$

滴定终点时，溶液由无色变为微红色，保持30s不褪色。

【仪器和试剂】

仪器：电子分析天平，称量瓶，碱式滴定管（50mL），锥形瓶（250mL），烧杯（500mL）等。

试剂：NaOH 固体，邻苯二甲酸氢钾（基准物质），酚酞指示剂等。

【实验步骤】

1. 0.1mol · L^{-1} NaOH 溶液的配制

通过计算配制 500mL 0.1/mol/L NaOH 溶液所需 NaOH 固体的质量，用电子分析天平称取此质量的 NaOH 固体，加水完全溶解，并稀释成 500mL，充分搅拌均匀。

2. NaOH 溶液的标定

用差减法称取纯邻苯二甲酸氢钾 0.5～0.6g（精确至 0.1mg），置于锥形瓶中，用无二氧化碳的蒸馏水 50～100mL 溶解成溶液，使得邻苯二甲酸氢钾溶解完全，如未溶解完全可以适当加热以促进其完全溶解；再滴入 2 滴酚酞指示剂，用欲标定的 NaOH 溶液滴定至溶液呈浅红色，至 30s 不褪色为止；记录读数，计算 NaOH 溶液的准确浓度。

【数据记录与处理】

表 5-5　实验和数据汇总表

测定次数	Ⅰ	Ⅱ	Ⅲ
邻苯二甲酸氢钾＋称量瓶质量（m_1/g）			
倾倒后邻苯二甲酸氢钾＋称量瓶质量（m_2/g）			
邻苯二甲酸氢钾 m_3/g（精确到 0.1mg）			
NaOH 溶液终读数/mL			
NaOH 溶液初读数/mL			
V(NaOH)/mL			
c(NaOH)/mol · L^{-1}			
$\bar{c}$(NaOH)/mol · L^{-1}			
相对平均偏差			

【思考题】

(1)用邻苯二甲酸氢钾标定 NaOH 溶液时,为什么用酚酞作指示剂而不用甲基红或甲基橙作指示剂?

(2)标定 NaOH 溶液浓度时,用邻苯二甲酸氢钾比用草酸好在何处?

实验十六　铵盐中氮含量的测定(甲醛法)

【实验目的】

(1)了解弱酸滴定的基本原理。

(2)掌握甲醛法测定氨态氮的原理及操作方法。

(3)熟练掌握滴定管的正确操作、酸碱指示剂的选择原理和滴定终点的判断。

【实验原理】

硫酸铵是常用的氮肥之一,在自然界的存在形式比较复杂,测定物质中氮含量时,可以用总氮、铵态氮、硝酸态氮、酰胺态氮等表示方法。由于铵盐中 NH_4^+ 的酸性太弱($K_a=5.6\times10^{-10}$),不能用 NaOH 标准溶液直接滴定,故要采用蒸馏法(又称"凯氏定氮法")或甲醛法进行测定。甲醛与 NH_4^+ 作用生成质子化的六亚甲基四胺和 H^+,化学反应方程式为:

$$4NH_4^+ + 6HCHO \rightleftharpoons (CH_2)_6N_4H^+ + 3H^+ + 6H_2O$$

$$(CH_2)_6N_4H^+ + 3H^+ + 4NaOH \rightleftharpoons 4H_2O + (CH_2)_6N_4 + 4Na^+$$

生成的$(CH_2)_6N_4H^+$的 K_a 为 7.1×10^{-6},可以被 NaOH 准确滴定,因而该反应被称为"弱酸的强化",同时,生成了 3moL H^+。因为 4mol NH_4^+ 在反应中生成了 4mol 可被准确滴定的酸,故氮与 NaOH 的化学计量数比为 1:1,到达化学计量点时,溶液呈弱碱性,可选用酚酞作为指示剂,终点为溶液由无色转变为微红色,保持 30s 不褪色。根据下式,可计算试样中的氮含量:

$$\omega_N = \frac{c_{NaOH} \times \dfrac{V_{NaOH} \times M_N}{1000}}{m_S} \times 100\%$$

【仪器和试剂】

仪器：电子分析天平，滴定管，移液管，洗耳球等。

试剂：NaOH 溶液(0.1mol/L)，甲基红指示剂(2g/L)；酚酞指示剂(2g/L 乙醇溶液)，甲醛溶液 (1∶1)，待测铵盐溶液，邻苯二甲酸氢钾(基准物质)等。

温馨提示：甲醛为无色水溶液或气体，是有强烈刺激性和窒息性气味的气体。甲醛对眼睛、呼吸道及皮肤有强烈刺激性，接触甲醛蒸气会引起结膜炎、角膜炎、鼻炎、支气管炎等，严重时发生喉痉挛、声门水肿、肺炎、肺水肿。甲醛对皮肤有原发性刺激和致敏作用，可致皮炎，浓溶液可引起皮肤凝固性坏死；口服灼伤口腔和消化道，可发生胃肠道穿孔、休克和肝肾损害；长期接触低浓度甲醛可引起轻度眼及上呼吸道刺激症状、皮肤干燥、皲裂。工作场所空气中甲醛最高容许浓度为 0.5mg/m^3，人吸入 60～120mg/m^3 即可发生支气管炎、肺部严重损害；吸入 12～24mg/m^3，鼻、咽黏膜严重灼伤，流泪，咳嗽；口服 10～20mL，致死。甲醛液体在较冷时久存易混浊，在低温时则形成三聚甲醛沉淀；在空气中能缓慢氧化成甲酸。甲醛常以白色乳状物状态存在，此白色乳状物是多聚甲醛，可加入少量的浓硫酸加热使之解聚——实验人员应在通风状态下操作并戴上防护口罩。

【实验步骤】

1. NaOH 溶液的配制与标定

准确称取邻苯二甲酸氢钾 0.4～0.5g 于 250mL 锥形瓶中，加 20～30mL 水，温热使之溶解，冷却后加 2～4 滴酚酞指示剂，用 0.1mol/L NaOH 溶液滴定至溶液呈微红色，30s 不褪色即为终点。平行标定 3 份溶液，计算 NaOH 溶液浓度，其相对平均偏差不应大于 0.2%。

2. 甲醛溶液的处理

甲醛溶液中常含有微量酸，应事先中和。其方法如下：取适量甲醛溶液上层清液于烧杯中，加水稀释一倍，加入 2～3 滴酚酞指示剂，用 NaOH 标准溶液滴定

甲醛溶液至呈现稳定的微红色。

3. $(NH_4)_2SO_4$试样中氮含量的测定

准确称取$(NH_4)_2SO_4$待测试样 2～3g 于小烧杯中，加入少量蒸馏水溶解，然后将溶液定量转移至 250mL 容量瓶中，用蒸馏水稀释至刻度，摇匀。移取 3 份 25mL 试液分别置于 250mL 锥形瓶中，加入 2 滴甲基红指示剂，用 0.1mol/L NaOH 溶液中和至呈黄色，加入 10mL(1∶1)甲醛溶液，再加 1～2 滴酚酞指示剂，充分摇匀，放置 1min 后用 0.1mol/LNaOH 标准溶液滴定至溶液呈微红色并持续 30s 不褪色，即为终点。

【注意事项】

若试样中含有游离酸，在加入甲醛之前应事先以甲基红为指示剂，用 NaOH 溶液预中和至甲基红变为黄色(pH≈6)；若甲醛中含有游离酸(甲醛在空气中易氧化成甲酸，应除去，否则测定结果偏大，产生正误差)，应事先以酚酞作为指示剂，用 NaOH 溶液中和至微红色(pH≈8)；加入甲醛的量要适当，否则会影响实验结果。

【思考题】

(1)NH_4^+为 NH_3的共轭酸，为什么不能直接用 NaOH 标准溶液滴定？

(2)NH_4NO_3、NH_4Cl 或 NH_4HCO_3中的含氮量能否用甲醛法测定？

(3)尿素 $CO(NH_2)_2$ 中含氮量的测定方法：先加 H_2SO_4加热消化，全部变为$(NH_4)_2SO_4$后，按甲醛法测定，试写出含氮量的计算式。

(4)为什么中和甲醛中的游离酸使用酚酞指示剂，而中和$(NH_4)_2SO_4$试样中的游离酸却使用甲基红指示剂？

实验十七　EDTA 标样及自来水硬度测定

【实验目的】

(1)学习络合滴定法的原理及其应用。

(2)掌握络合滴定法中的直接滴定法。

【实验原理】

水的硬度是指水中可溶性钙盐和镁盐的含量。含量多的为硬水,含量少的为软水。水的硬度的表示方法有很多种,我国主要采用两种表示方法:①用 $CaCO_3$ 含量表示,即每升水中含有 $CaCO_3$ 的毫克数,单位为 $mg \cdot L^{-1}$。②采用 Ca^{2+}、Mg^{2+} 总量折合成 CaO 来计算水的硬度,单位为度(°)。水的总硬度1°表示1L水中含10mg CaO:0°～4°为很软水,4°～8°为软水,8°～16°为中等硬水,16°～30°为硬水,>30°为很硬水。各地区水的硬度相差很大,一般饮用水的总硬度不得超过25°。各种工业用水对硬度有不同的要求,如锅炉用水必须是软水。

水的硬度的测定一般采用络合滴定法,分为水的总硬度以及钙镁硬度2种,前者是测定 Ca^{2+} 和 Mg^{2+} 总量,后者则是分别测定 Ca^{2+} 和 Mg^{2+} 的含量。本实验用乙二胺四乙酸(EDTA)络合滴定法测定水的总硬度,在pH=10的缓冲溶液中,以铬黑T(Eriochrome Black-T,EBT)为指示剂。铬黑T和EDTA都能与 Ca^{2+}、Mg^{2+} 形成配合物,其稳定性为 $CaY^{2-} > MgY^{2-} > MgIn^{-} > CaIn^{-}$。因此,加入铬黑T后,它先与部分 Mg^{2+} 配位生成酒红色配离子:

$$Mg^{2+} + HIn^{2-} = MgIn^{-} + H^{+}$$

当滴加EDTA溶液时,EDTA首先与游离的 Ca^{2+} 配位,其次与游离的 Mg^{2+} 配位:

$$Ca^{2+} + HY^{3-} = CaY^{2-} + H^{+}$$

$$Mg^{2+} + HY^{3-} = MgY^{2-} + H^{+}$$

最后,夺取 $MgIn^{-}$ 中的 Mg^{2+},使铬黑T游离出来,溶液由酒红色变成纯蓝色,即到达指示终点:

$$MgIn^{-} + HY^{3-} = MgY^{2-} + HIn^{2-}$$

Ca^{2+} 含量测定与总硬度的测定原理相同:另取等体积的水样,调节pH为12～13,此时 Mg^{2+} 以沉淀析出,不干扰测定,加少量钙指示剂,用EDTA标准溶液滴定至溶液由紫红色变为蓝色。

【仪器和试剂】

仪器:酸式滴定管(50mL),锥形瓶(250mL),移液管(25mL),容量瓶

(100mL),洗耳球,烧杯(100mL),量筒(10mL)等。

试剂:EDTA(s),Ca^{2+}标准溶液(0.01000mol/L),铬黑T指示剂,NH_3-NH_4Cl缓冲液(pH=10)等。

【实验步骤】

1. EDTA溶液的配制

准确称量一定质量的EDTA固体,溶于500mL水中,搅拌使其完全溶解,配制0.01mol/L的EDTA溶液。

2. EDTA溶液的标定

用移液管移取25.00mL钙标准溶液(0.01mol/L)于250mL锥形瓶中,加入25mL H_2O,然后加入10mL氨性缓冲溶液,再加入3滴铬黑T指示剂,立即用EDTA标液滴定,当溶液由酒红色变为纯蓝色即为终点。平行测定3份溶液,计算EDTA溶液的浓度。

3. 自来水硬度的测定

用容量瓶量取100.00mL自来水于250mL锥形瓶中,加入5mL氨性缓冲溶液,再加入3滴铬黑T指示剂,立即用EDTA标液滴定,当溶液由酒红色变为纯蓝色即为终点。平行测定3份溶液,计算水样的总硬度。

【数据记录与处理】

按公式计算水样的总硬度:

$$水的总硬度(°)=\frac{c_{EDTA}\times V_{EDTM}\times M_{CaO}}{V_{水样}}\times\frac{1\,000}{10}$$

数据记录见下表。

表5-6　实验十七数据记录表

测定项目		Ⅰ	Ⅱ	Ⅲ
EDTA溶液的标定	EDTA终读数/mL			
	EDTA初读数/mL			
	V_1(EDTA)/mL			
	c(EDTA)/mol/L			
	$\bar{c}$(EDTA)/mol/L			

续表

测定项目		Ⅰ	Ⅱ	Ⅲ
水的总硬度测定	EDTA 终读数/mL			
	EDTA 终读数/mL			
	V_2(EDTA)/mL			
	$\overline{V}$(EDTA)/mL			
	水的总硬度/°			
	相对平均偏差			

【思考题】

(1)本实验中 EDTA 的标定，应该采用何种指示剂？最适当的基准物质是什么？

(2)在测定自来水的硬度时，先于 3 个锥瓶中加水样，再加 NH_3-NH_4Cl 缓冲液，加……然后再逐份地滴定，这样做好不好？为什么？

(3)测定水样的总硬度时，为什么控制 pH＝10？

实验十八 锌含量的测定

【实验目的】

(1)学习并掌握 EDTA 标准溶液的配制和标定原理。

(2)掌握常用金属离子指示剂二甲酚橙的使用条件和方法。

【实验原理】

EDTA 微溶于水，难溶于酸和有机溶剂，易溶于碱和氨水，在水中易形成双偶极离子，由于其二钠盐($Na_2H_2Y \cdot 2H_2O$)具有较大的溶解度，在 22℃ 时，每 100mL 水可溶解 11.1g $Na_2H_2Y \cdot 2H_2O$，该溶液的浓度约为 0.3mol/L，pH 约为 4.4。一般用 Na_2H_2Y 二钠盐来配制 EDTA 溶液。因 $Na_2H_2Y \cdot 2H_2O$ 吸附约

0.3%的水分，且其中含有少量杂质，所以不能直接用来配制标准溶液，通常先把EDTA配成所需要的近似浓度，然后用基准物质标定。为了防止EDTA与玻璃中的某些成分作用，常常把配制好的标准溶液储存于聚乙烯塑料瓶或硬质玻璃瓶中。

用于标定EDTA的基准物有含量不低于99.95%的某些金属，如Cu、Zn、Ni、Pb等，以及它们的金属氧化物或某些盐类，如$ZnSO_4 \cdot 7H_2O$、ZnO、$MgSO_4 \cdot 7H_2O$、$CaCO_3$等，因Zn纯度高、性质稳定，ZnY与Zn^{2+}均为无色，既可以在pH为5～6时以二甲酚橙(Xylenol Orange，XO)为指示剂，又可以在pH＝9～10时用铬黑T作指示剂进行滴定，终点变色很敏锐，为了减小测定的系统误差，标定条件应与测定条件一致，因此，测定锌所用的EDTA标准溶液多用Zn或ZnO来标定。铬黑T和二甲酚橙指示剂的分子结构和pH变色范围如下：

1. 铬黑T

$$H_2In^- \rightleftharpoons H^+ + HIn^{2-} \quad pK_{a1} = 6.30$$

红色　　　　　蓝色

$$HIn^{2-} \rightleftharpoons H^+ + In^{3-} \quad pK_{a2} = 11.60$$

蓝色　　　　　橙色

铬黑T与金属离子形成的络合物为酒红色，使用范围：6.30 < pH < 11.60，通常使用pH为9～11的氨性缓冲溶液，Fe^{3+}和Al^{3+}有封闭作用。

2. 二甲酚橙

$$H_2In^{4-} \rightleftharpoons H^+ + HIn^{5-} \quad pK_{a3} = 6.3$$

黄色　　　　　红色

二甲酚橙与金属离子形成的络合物为紫红色，Ni^{2+}、Fe^{3+}和Al^{3+}有封闭作用，使用范围：pH<6的酸性溶液，一般使用六亚甲基四胺-HCl或HAc－NaAc的酸性缓冲溶液。

用ZnO标定EDTA溶液的化学反应方程式为：

滴定前：$Zn^{2+} + XO \rightarrow Zn-XO$（紫红色）

滴定过程：$Zn^{2+} + H_2Y^{2-} \rightarrow ZnY^{2-} + 2H^+$

滴定终点时：$Zn-XO$（紫红色）$+ H_2Y^{2-} \rightarrow 2H^+ + XO$(亮黄色)$^- + ZnY^{2-}$

测定未知浓度锌溶液时，如有干扰离子存在，必须要消除其干扰，可以通过加入络合掩蔽剂、改变离子价态和加入沉淀剂等方法进行：Fe^{3+}、Al^{3+}等干扰离子用三乙醇胺掩蔽，Cu^{2+}、Pb^{2+}、Zn^{2+}等重金属离子可用KCN、Na_2S或巯基乙酸来掩蔽；配制铬黑T指示剂时可以将三乙醇胺加入铬黑T中，或使干扰离子与待测离子分离，以使待测离子可以准确测定。

【仪器和试剂】

仪器：电子分析天平，滴定管，移液管等。

试剂：乙二胺四乙酸二钠盐（$Na_2H_2Y \cdot 2H_2O$，NH_3-NH_4Cl缓冲溶液，铬黑T(5g/L)；Zn^{2+}标准溶液（0.01mol/L），六亚甲基四胺（20%），HCl溶液（1∶1），氨水（1∶2），甲基红指示剂，二甲酚橙指示剂。

【实验步骤】

1. EDTA溶液的配制

计算配制500mL 0.01mol/L EDTA二钠盐所需EDTA的质量。用天平称取1.86g EDTA于500mL烧杯中，加水，温热溶解，备用。

2. EDTA溶液的标定

用移液管吸取25.00mL Zn^{2+}标准溶液（0.01mol/L）于锥形瓶中，加3～5滴二甲酚橙指示剂；滴加20%六亚甲基四胺至溶液呈现稳定的紫红色，再加5mL六亚甲基四胺；用EDTA滴定，当溶液由紫红色恰转变为黄色时即为终点。平行测定3次，取平均值，计算EDTA的准确浓度。

3. 未知浓度锌溶液的标定

准确移取25.00mL的待测锌溶液，加入20mL 20%的六亚甲基四胺，滴加2～3滴0.2%的二甲酚橙指示剂，用0.01mol/L EDTA标准溶液滴定，至溶液由紫红色变为纯黄色，并在30s内不返橙，即为终点，计算出待测Z^{2+}溶液的摩尔浓度$c_{(Zn)}$。

【数据处理】

按以下公式计算EDTA浓度。

$$c_{EDTA}=\frac{m_{ZnO}\times\frac{25}{250}}{M_{ZnO}\times V_{EDTA}}\times 1\ 000$$

【思考题】

滴定为什么要在缓冲溶液中进行？如果没有缓冲溶液存在，将会发生什么现象？

实验十九 果汁中维生素C含量测定(碘量法)

【实验目的】

(1)掌握碘标准溶液的配制及标定。

(2)熟悉直接碘量法测定维生素C的原理、方法和基本操作。

【实验原理】

维生素C即抗坏血酸，分子式为 $C_6H_6O_8$，由于分子中的烯二醇基具有还原性，能被 I_2 氧化成二酮基而生成脱氢抗坏血酸，其半化学反应方程式为：

```
 ┌─────O─────┐   H   OH                  ┌─────O─────┐   H   OH
 │           │   │   │                   │           │   │   │
 C──C══C──CH─C──CH + I₂  ────────→       C──C──C──CH─C──CH  + 2HI
 ‖  │  │       │   │                     ‖  ‖  ‖       │   │
 O  OH OH      OH  H                     O  O  O       OH  H
```

维生素C的半化学反应方程式为：

$$C_6H_8O_6 \rightleftharpoons C_6H_6O_6 + 2H^+ + 2e^- \quad E^\ominus \approx +0.18V$$

1mol 维生素C与 1mol I_2 定量反应，维生素C的摩尔质量为 $176.12g \cdot mol^{-1}$。该反应可用于测定药片、注射液及果蔬中的维生素C含量。

由于维生素C的还原性很强，在空气中极易被氧化，尤其是在碱性介质中，因此，在测定维生素C时加入醋酸(HAc)或偏磷酸一醋酸溶液使溶液呈弱酸性，可降低其氧化速度，减少损失。在测定维生素C时，可以直接用标准碘溶液直接滴定，也可以用间接法测定。本实验采用直接滴定法。

【仪器和试剂】

仪器：酸式滴定管(50mL)，锥形瓶(250mL)，移液管(25mL)，容量瓶

(100mL),洗耳球,烧杯(100mL),量筒(10mL)。

试剂:固体碘(I_2),固体碘化钾(KI),$Na_2S_2O_3$标准溶液(0.01000mol/L),淀粉溶液(0.5%),醋酸溶液(2mol/L)等。

【实验步骤】

1. I_2溶液(0.005mol/L)的配制

将固体I_2置于研钵中碾碎(在通风橱中操作),称取3.3g I_2和5g KI,置于容量瓶中,加入少量水并振荡,待全部溶解后,将溶液转入棕色试剂瓶中。将溶液加水稀释至250mL,充分摇匀。取25mL此溶液,稀释至10倍,放暗处保存,备用。

2. I_2溶液的标定

准确移取25.00mL $Na_2S_2O_3$标准溶液3份,分别置于3个250mL锥形瓶中,各加2mL淀粉溶液和25mL水,用I_2溶液滴定至呈稳定的蓝色,30s不褪色即为终点。计算I_2溶液的浓度。

3. 果汁中维生素C含量的测定

准确量取50.00mL果汁,置于250mL锥形瓶中,立即加入10mL 2mol/L醋酸溶液和2mL淀粉溶液,用I_2标准溶液滴定果汁至呈现稳定的蓝色(果汁中如果含有色素,会呈现不同的颜色,注意观察判断,或也可预先采用活性炭脱色等处理)。计算果汁中维生素C的含量。

【数据记录与处理】

表5-7 实验十九数据记录表

测定项目		1	2	3
I_2溶液的标定	I_2溶液终读数/mL			
	I_2溶液初读数/mL			
	$V_1(I_2)$/mL			
	$c(I_2)$/mol/L			
	$\bar{c}(I_2)$/mol/L			

续表

测定项目		1	2	3
果汁中维生素C含量的测定	I_2溶液初读数/mL			
	I_2溶液终读数/mL			
	$V_2(I_2)$/mL			
	$\bar{V}(I_2)$/mL			
	维生素C的含量(mg/100mL)			
	相对平均偏差			

【思考题】

(1)果汁中加入醋酸的作用是什么？

(2)配制 I_2溶液时加入 KI 的目的是什么？

实验二十　硫代硫酸钠溶液的配制和标定及铜含量的测定

【实验目的】

(1)了解硫代硫酸钠标准溶液的配制、标定方法和有关化学反应方程式，重铬酸钾与碘化钾的反应条件。

(2)学习淀粉指示剂在标定硫代硫酸钠溶液中的正确使用。

【实验原理】

在弱酸性溶液中，Cu^{2+}可被 KI 还原为 CuI：

$$2Cu^{2+} + 4I^- \rightleftharpoons 2CuI + I_2$$

这是一个可逆反应。由于 CuI 溶解度比较小，在过量的 KI 存在时，反应定量地向右进行。析出的 I_2 用 $Na_2S_2O_3$ 标准溶液滴定，以淀粉为指示剂，间接测得铜的含量：

$$I_2 + 2S_2O_3^{2-} \rightleftharpoons 2I^- + S_4O_6^{2-}$$

由于 CuI 沉淀表面会吸附 I_2，使滴定终点不明显，影响准确度，故在接近化学计量点时，可加入少量 KSCN，使 CuI 沉淀转变成 CuSCN。因 CuSCN 的溶解度比 CuI 小得多[K_{sp}(CuI＝1.1×10^{-10}；K_{sp}(CuSCN)＝ 1.1×10^{-14})，故能使被吸附的 I_2 从沉淀表面置换出来：

$$CuI + SCN^- \rightleftharpoons CuSCN + I^-$$

这样使滴定终点更为明显，提高测定结果的准确度，且此反应产生的 I^- 离子可继续与 Cu^{2+} 作用，节省了价格较贵的 KI。

【仪器和试剂】

仪器：电子分析天平，酸式滴定管(50mL)，锥形瓶(250mL)，移液管(25mL)，容量瓶(100mL)，洗耳球，烧杯(100mL)，量筒(10mL)等。

试剂：$Na_2S_2O_3$，$K_2Cr_2O_7$，KI，HCl(6mol/L)，0.5%淀粉溶液，10%KSCN 等。

温馨提示：重铬酸钾($K_2Cr_2O_7$)是一种有毒且有致癌性的强氧化剂，室温下为橙红色固体。它被国际癌症研究机构划归为第一类致癌物质，在实验室和工业中都有很广泛的应用。铬是人体必需的微量元素，但人体需要的是三价铬，正六价的铬元素有很强的毒性。六价铬和三价铬可以互相转换：在自然环境中，六价铬可以被还原性物质，如亚铁离子及有机物，还原成三价铬；三价铬由于遇到自然界中的氧化物，如二氧化锰和大气或水中的氧，被氧化成六价铬。进入人体的铬蓄积于人体组织内，随代谢被清除的速度十分缓慢。

【实验步骤】

1. 0.10mol/L $Na_2S_2O_3$ 标准溶液的配制

称取若干克 $Na_2S_2O_3\cdot5H_2O$ 和 0.1g Na_2CO_3 固体，溶于刚煮沸并已冷却的 400mL 水中，溶液储存于试剂瓶中，静置数日后(必要时可过滤)，标定其浓度。

2. $Na_2S_2O_3$ 标定

准确称取 0.1～0.15g $K_2Cr_2O_7$ 于 250mL 碘瓶(或带磨口塞的锥形瓶)中，用少量水使其溶解，加 1g KI、8mL 6mol/L HCl；充分混合后塞好瓶塞，放在暗处约 5min，然后用水稀释至 100mL，不停摇动，用 $Na_2S_2O_3$ 标准溶液滴定；当溶液由红棕色变为淡黄色时，加入 2mL 0.5％淀粉溶液，继续摇动，滴定至溶液蓝色消失为止，计算 $Na_2S_2O_3$ 溶液物质的量浓度。

3. 硫酸铜的测定

准确移取未知铜液 25mL 置于 250mL 的锥形瓶中，先加入 1.5g KI，再加入 1mol/L 3mLH_2SO_4 溶液(或加入 10％KI 溶液 7～8mL)；立即以上述标定好的 0.10mol/L $Na_2S_2O_3$ 标准溶液滴定至呈浅黄色；然后加入 0.5％淀粉溶液 1mL，继续滴定至溶液呈浅蓝色；加入 5ml 10％ KSCN 溶液，摇匀后溶液呈深蓝色，再继续滴定到蓝色恰好消失，此时溶液应为米色的 CuSCN 悬浮液；由实验结果计算出硫酸铜的含量。

【注意事项】

(1)淀粉能与 I_3^- 作用形成蓝色配合物。其颜色与淀粉的结构有关：以直链成分为主的淀粉与 I_3^- 作用形成蓝色配合物，灵敏度高；以支链成分为主的淀粉与 I_3^- 作用形成配合物显红紫色，灵敏度低，不易掌握终点。

(2)$K_2Cr_2O_7$ 与 KI 的反应不是立刻完成的，在稀溶液中反应更慢，因此，要在暗处放置 5min 后，再加水稀释滴定。

(3)淀粉指示剂不能过早加入。因淀粉吸附大量 I_3^- 后，会使 I_2 不易放出，影响与硫代硫酸钠的反应，从而产生误差，所以不能加入过早；但也不能加入过迟，否则，终点易过。

【思考题】

(1)硫代硫酸钠溶液为什么要预先配制？为什么配制时要用刚煮沸过并已冷却的蒸馏水？为什么配制时要加少量的 Na_2CO_3？

(2)$K_2Cr_2O_7$ 与 KI 混合液在暗处放置 5min 后，为什么要用水稀释至 100mL 再用硫代硫酸钠溶液滴定？如果在放置之前稀释行不行，为什么？

(3)硫代硫酸钠溶液的标定，用何种滴定管，为什么？

(4)为什么既不能过早加淀粉溶液，又不能过迟加？

(5)碘量法测定铜时，为什么常要加入 NH_4HF_2？为什么邻近终点时要加入 KSCN 溶液或 NH_4SCN 溶液？

(6)已知 $E^{\ominus}_{Cu^{2+}/Cu^{2+}}=0.159V$，$E^{\ominus}_{I_3^-/I^-}=0.545V$，为什么本实验中 Cu^{2+} 却能使 I^- 氧化为 I_2？

实验二十一　化学耗氧量的测定

【实验目的】

(1)了解环境分析的重要性及水样的采集和保存方法。

(2)对水中化学耗氧量(COD)与水体污染的关系有所了解。

(3)掌握高锰酸钾法测定水中 COD 的原理及方法。

【实验原理】

COD 是量度水体受还原性物质(主要是有机物)污染程度的综合性指标。它是指水体中易被强氧化剂氧化的还原性物质所消耗的氧化剂的量，换算成氧的含量(以 mg/L 计)。测定时，在水样中加入 H_2SO_4 及一定量的 $KMnO_4$ 溶液，置沸水浴中加热，使其中的还原性物质氧化，剩余的 $KMnO_4$ 用一定量过量的 $Na_2C_2O_4$ 还原，再以 $KMnO_4$ 标准溶液反滴 $Na_2C_2O_4$ 的过量部分。由于 Cl^- 对此法有干扰，所以本法仅适合于地表水、地下水、饮用水和生活污水中 COD 的测定，含 Cl^- 较高的工业废水则应采用 $K_2Cr_2O_7$ 法测定。

其化学反应方程方程式如下：

$$4MnO_4^- + 5C + 12H^+ \rightleftharpoons 4Mn^{2+} + 5CO_2\uparrow + 6H_2O$$

$$2MnO_4^- + 5C_2O_4^{2} + 16H^+ \rightleftharpoons 2Mn^{2+} + 10CO_2\uparrow + 8H_2O$$

据此，测定结果的计算式为：

$$COD=\frac{\left[\frac{5}{4}c_{MnO_4^-}(V_1+V_2)_{MnO_4^-}-\frac{1}{2}cV_{C_2O_4^{2-}}\right]\times 32.00g\cdot mol^{-1}\times 1\,000}{V_{水排}}\quad (O_2\ mg/L)$$

式中，V_1为第一次加入 $KMnO_4$溶液的体积，V_2为第二次加入 $KMnO_4$溶液的体积。

【仪器与试剂】

仪器：电炉，酸式滴定管(50mL)，锥形瓶(250mL)，移液管(25.00mL)，容量瓶(100mL)，洗耳球，烧杯(100mL)，量筒(10mL)等。

试剂：$KMnO_4$溶液(0.02mol/L)，$Na_2C_2O_4$标准溶液(0.005mol/L)，H_2SO_4(1∶3)。

温馨提示：高锰酸钾($KMnO_4$)是最强的氧化剂之一，受pH影响很大：在酸性溶液中氧化能力最强，遇浓硫酸、铵盐能发生爆炸，遇甘油能引起自燃，与有机物、还原剂、易燃物如硫、磷等接触或混合时有引起燃烧爆炸的危险；能自动分解发热，助燃，和有机物接触引起燃烧；具腐蚀性、刺激性，可致人体灼伤。

【实验步骤】

视水质污染程度取水样10～100mL，置于250mL锥形瓶中，加10mL H_2SO_4，再准确加入10mL 0.002mol/L $KMnO_4$溶液，立即加热至沸。若此时红色褪去，说明水样中有机物含量较多，应补加适量 $KMnO_4$溶液，至试样溶液呈现稳定的红色。从溶液冒第一个大泡开始计时，用小火准确煮沸10min，取下锥形瓶，趁热加入10.00mL 0.005mol/L $Na_2C_2O_4$标准溶液，摇匀，此时溶液应当由红色转为无色。用0.002mol/L $KMnO_4$标准溶液滴定至试样溶液为稳定的淡红色，即为终点。平行测定3次，取平均值。

另取100mL蒸馏水代替水样，同样操作，求得空白值，在计算耗氧量时需将空白值减去。

【注意事项】

(1)取水样时，要注意水样所在的位置和深度等，以确保水样具有代表性。

(2)水样在加入硫酸酸化时，要缓慢地滴加，并充分地振荡溶液。

(3)滴定完毕后，废液(沉淀物)要专门处理，不要倒入水池。

【思考题】

(1)水样的采集及保存应当注意哪些事项？

(2)水样加入 $KMnO_4$ 煮沸后，若紫红色消失则说明什么？应采取什么措施？

(3)当水样中 Cl^- 含量高时，能否用该法测定？为什么？

(4)测定水中COD的意义何在？常用哪些方法测定COD？

注：水样采集后，应加入 H_2SO_4，使 $pH<2$，抑制微生物繁殖。试样尽快分析，必要时在0～5℃保存，应在48h内测定。取水样的量由外观可初步判断：洁净透明的水样取100mL；污染严重、浑浊的水样取10～30mL，补加蒸馏水至100mL。

实验二十二　氯化物中氯含量测定(莫尔法)

【实验目的】

(1)掌握 $AgNO_3$ 标准溶液的配制和标定。

(2)掌握用莫尔法进行沉淀滴定的原理、方法和实验操作。

【实验原理】

某些可溶性氯化物中氯含量的测定常采用莫尔(Mohr)法：在中性或弱碱性溶液中，以 K_2CrO_4 为指示剂，用 $AgNO_3$ 标准溶液进行滴定；由于AgCl沉淀的溶解度比 K_2CrO_4 小，因此，溶液中首先析出AgCl沉淀；当AgCl沉淀完全后，过量的 $AgNO_3$ 溶液即与 CrO_4^{2-} 生成砖红色 Ag_2CrO_4 沉淀，指示达到终点。其主要方程化学反应方程式如下：

$$Ag^+ + Cl^- \rightleftharpoons AgCl\downarrow(\text{白色}) \quad K_{sp}=1.8\times10^{-10}$$

$$2Ag^+ + CrO_4^{2-} \rightleftharpoons Ag_2CrO_4\downarrow(\text{砖红色}) \quad K_{sp}=2.0\times10^{-12}$$

滴定必须在中性或弱碱性溶液中进行，最适宜pH范围为6.5～10.5。如果有铵盐存在，溶液的pH需控制在6.5～7.2。

指示剂的用量对滴定有影响，一般以 5×10^{-3}mol/L 为宜。

在莫尔法测定中，干扰较多，凡是能与 Ag^{+} 生成难溶性化合物或络合物的阴离子都干扰测定，如 PO_4^{3-}、AsO_4^{3-}、SO_3^{2-}、S^{2-}、CO_3^{2-}、$C_2O_4^{2-}$ 等。其中，H_2S 可通过加热煮沸除去，SO_3^{2-} 氧化成 SO_4^{2-} 后不再干扰测定。大量 Cu^{2+}，Ni^{2+}，Co^{2+} 等有色离子将影响终点观察。凡是能与 CrO_4^{2-} 指示剂生成难溶化合物的阳离子也干扰测定，如 Ba^{2+}，Pb^{2+} 能与 $CrO_4{}^{2-}$ 分别生成 $BaCrO_4$ 和 $PbCrO_4$ 沉淀。Ba^{2+} 的干扰可通过加入过量的 Na_2SO_4 消除。另外，Al^{3+}、Fe^{3+}、Bi^{3+}、Sn^{4+} 等高价金属离子在中性或弱碱性溶液中易水解产生沉淀，会干扰测定。

【仪器和试剂】

仪器：酸式滴定管（50mL），锥形瓶（250mL），移液管（25mL），容量瓶（100mL），洗耳球，烧杯（100mL），量筒（10mL）。

试剂：$AgNO_3$ 溶液，NaCl 标准溶液（0.05000mol/L），K_2CrO_4 溶液（0.5%），NaCl 溶液（试样）等。

温馨提示：硝酸银（$AgNO_3$），无色晶体，易溶于水，遇有机物变灰黑色，分解出银。纯硝酸银对光稳定，但由于一般的产品纯度不够，其水溶液和固体常被保存在棕色试剂瓶中。硝酸银溶液由于含有大量银离子，氧化性较强，并有一定腐蚀性，医学上用于腐蚀增生的肉芽组织，稀溶液可作为眼部感染的杀菌剂。

【实验步骤】

1. $AgNO_3$ 溶液的标定

用移液管移取 25.00mL NaCl 标准溶液（0.05 mol/L），注入 250mL 锥瓶中，加入 25mL 水和 1mL K_2CrO_4 溶液，不断振荡，用 $AgNO_3$ 溶液滴定至呈现砖红色，即为终点。平行标定 3 份试溶液，根据所消耗 $AgNO_3$ 溶液的体积和 NaCl 溶液的量，计算 $AgNO_3$ 溶液的浓度。

2. 试样分析

用移液管移取 25.00mL 待测试液于 250mL 锥瓶中，加入 25mL 水和 1mL

K_2CrO_4溶液，不断振荡，用$AgNO_3$标准液滴定至溶液出现砖红色，即为终点。平行测定3份试样，计算试样中氯的含量，实验完毕后，将装有$AgNO_3$溶液的滴定管先用蒸馏水冲洗2～3次后，再用自来水洗净，以免AgCl残留于管内。

【数据处理】

分别计算$AgNO_3$标准溶液浓度及试样中Cl^-的含量。

【思考题】

(1)用莫尔法测氯含量时，为什么溶液的pH须控制在6.5～10.5？

(2)以K_2CrO_4作指示剂时，指示剂浓度过大或过小对测定有何影响？

(3)滴定过程中，为什么要加25mL水？

实验二十三　氯化钡中钡的测定($BaSO_4$重量法)

【实验目的】

(1)正确掌握重量分析法的基本操作。

(2)加深对重量分析法理论的理解。

(3)准确测定氯化钡中钡的百分含量。

【实验原理】

试样溶解于水后，用稀盐酸酸化，加热至接近沸腾，在不断搅动下缓慢加入热的稀H_2SO_4溶液，Ba^{2+}与SO_4^{2-}作用形成微溶于水的沉淀。所得的沉淀经陈化、过滤、洗涤和灼烧后，以$BaSO_4$沉淀形式称量，即可求得$BaCl_2$中钡的百分含量。

Ba^{2+}可形成一系列微溶化合物，如$BaCO_3$、$BaCrO_4$、$BaHPO_4$、$BaSO_4$等，其中，以$BaSO_4$的溶解度最小——100mL水中，在100℃时溶解0.4mg，25℃时仅溶解0.25mg。在过量沉淀剂存在时，其溶解度大为减少，一般可以忽略不计。

一般在0.05mol/L左右盐酸介质中进行沉淀，是为了防止产生碳酸钡、磷酸钡、砷酸钡沉淀以及氢氧化钡的共沉淀。同时，适当提高酸度，增加$BaSO_4$的溶解度，以降低其相对过饱和度，有利于获得较好的晶形沉淀。

用 $BaSO_4$ 重量法测定钡含量时，一般用 H_2SO_4 作沉淀剂。为了使 $BaSO_4$ 沉淀完全，H_2SO_4 必须过量，由于 H_2SO_4 在高温下可挥发除去，沉淀带下的 H_2SO_4 不致引起误差，所以沉淀剂用量可过量50%～100%。但因为 NO_3^-、ClO_3^-、Cl^- 等阴离子和 K^+、Na^+、Ca^{2+}、Fe^{3+} 等阳离子均可以引起共沉淀现象，故应严格掌握沉淀条件，减少共沉淀现象，以获得纯净的 $BaSO_4$ 晶形沉淀。

硫酸铅和硫酸锶的溶解度都很小，对钡的测定会产生干扰。

【仪器和试剂】

仪器：瓷坩埚，干燥器，马弗炉，表面皿，烧杯(250mL)，电炉，玻璃棒等。

试剂：HCl 溶液(2mol/L)，H_2SO_4 溶液(1mol/L)，$AgNO_3$ 溶液(0.1mol/L)等。

【实验步骤】

1. 瓷坩埚的准备

洗净瓷坩埚，晾干，然后在高温(80～100℃)下灼烧：第一次灼烧30～45min，取出稍冷片刻，转入干燥器中，冷却至室温后称量；第二次灼烧15～20min，取出稍冷却，即转入干燥器中，冷却至室温后再称量，如此操作，直至恒重为止。

2. 分析步骤

准确称取0.4～0.6g $BaCl_2 \cdot 2H_2O$ 试样2份，分别置于250mL烧杯中，加水约70mL、加入2～3mL 2mol/L HCl溶液，盖上表面皿，加热至接近沸腾，但勿使溶液沸腾，以防溅失。与此同时，另取5mL 1mol/L H_2SO_4 溶液2份，置于小烧杯中，各加水25mL，加热至接近沸腾，然后将热的 H_2SO_4 溶液逐滴缓慢加入热的钡盐溶液中，并用玻璃棒不断搅动，最后剩1mL H_2SO_4 溶液做沉淀完全试验。待沉淀沉下后，在上层清液中加入几滴 H_2SO_4 溶液，仔细观察沉淀是否完全，如已沉淀完全，盖上表面皿，将玻璃棒靠在烧杯嘴边(切勿将玻璃棒拿出杯外，以免损失沉淀)，置于水浴或砂浴上加热，陈化0.5～1h，并不时搅动(或在室温下放置过夜)。溶液冷却后，用慢速定量滤纸过滤，先将上层清液倾注在滤纸上，再以稀硫酸洗涤液(将2～4mL 1mol/L H_2SO_4 溶液稀释到200mL)洗涤沉淀3～4次，每次用量10mL，均用倾析法过滤。将沉淀小心转移至滤纸上，用一小片滤纸片擦净杯壁，将滤纸片放在漏斗内的滤纸上，再用上述洗涤液洗涤沉淀至无 Cl^- 为止(用

$AgNO_3$溶液检查)。将沉淀和滤纸置于已恒重的瓷坩埚中,灰化后,在800～850℃下灼烧至恒重。

【思考题】

(1)为什么要在稀盐酸介质中沉淀硫酸钡?

(2)欲得到纯净的晶形较大的$BaSO_4$沉淀,沉淀的条件(如酸度、温度、浓度、速度等)应如何控制?

(3)为什么沉淀$BaSO_4$要在热溶液中进行,而在冷却后过滤?沉淀后为什么要陈化?

(4)空的瓷坩埚及盛有沉淀的瓷坩埚,为什么要重复灼烧、称量步骤,直至恒重?为什么必须在干燥器中冷却到室温后,才能称量?在干燥器中冷却时间不同,是否影响恒重?

(5)在灼烧沉淀时,如有部分$BaSO_4$转变为BaS,是什么原因引起的?这对结果有何影响?

第六章　综合与设计性化学实验

实验二十四　碘酸铜的制备及其溶度积的测定

【实验目的】

(1)了解难溶盐的溶解平衡,溶度积与物质的溶解度、温度的关系。

(2)掌握工作曲线及其绘制方法。

(3)练习 7200 型分光光度计的使用。

(4)了解比色法测定碘酸铜溶度积的实验原理和方法。

【实验原理】

碘酸铜是难溶强电解质,在其饱和水溶液中,存在着下列平衡:

$$Cu(IO_3)_{2(s)} \rightleftharpoons Cu^{2+}_{(aq)} + 2IO_3^-{}_{(aq)}$$

在一定温度下,溶液中 Cu^{2+} 浓度与 IO_3^- 浓度平方的乘积是一个常数:

$$K_{sp} = [Cu^{2+}][IO_3^-]^2$$(严格来说,应以离子活度代替离子浓度)

K_{sp}称为“溶度积常数”,是反映物质溶解能力的一个重要常数,和其他平衡常数一样,随温度的不同而改变。因此,如果能测定在一定温度下碘酸铜饱和溶液中$[Cu^{2+}]$和$[IO_3^-]$,就可求算出该温度下的 K_{sp}。目前,测定 $Cu(IO_3)_2$溶度积常数的常用的方法有比色法和碘量法。本实验采用比色法测定,实验主要分为 4 步:

第一步,固体碘酸铜的制备。化学反应方程式如下:

$$CuSO_4 + 2KIO_3 \longrightarrow Cu(IO_3)_2 + K_2SO_4$$

在此反应存在一个反应平衡问题，要使得反应向正方向进行，可提高反应物的浓度。而KIO_3相对比较贵重，从经济节约的角度来说，一方面可将其配制成饱和溶液，另一方面，可使得$CuSO_4$相对过量，这样就可使得KIO_3反应尽量完全。

第二步，碘酸铜饱和溶液的配制。饱和溶液的定义及配制方法：当溶液中溶质的浓度达到该温度下溶质的溶解度时的溶液称为“饱和溶液”。若溶液的溶解度随温度升高而升高，则可通过升高温度的方法，来配制饱和溶液（但要区别过饱和溶液的配制）。因此，在本实验过程中，我们通过升高温度的方法，先配制较高温度时的$Cu(IO_3)_2$溶液，且在此过程中，适当延长溶解时间，使得此溶液尽量接近较高温度时的饱和溶液，然后冷却，通过将温度降至室温来配制$Cu(IO_3)_2$饱和溶液。

第三步，工作曲线的绘制与测定。比色法的测定原理与测定要求：利用物质对不同波长光的选择吸收现象来进行物质的定量分析。所测物质在可见光区必须存在吸收，单独的铜离子无吸收，在水溶液中形成水合铜离子后呈现蓝色，但摩尔吸光系数（$\varepsilon = A/cL$）较低不适宜直接测定，因此，在本实验中，先使得Cu^{2+}与NH_3反应生成深蓝色的铜氨配离子$[Cu(NH_3)_4]^{2+}$（dsp^2杂化，平面四方形，发光机理属于 d-d 跃迁），其在 610nm 处存在明显的吸收峰，摩尔吸光系数明显增大，符合分光光度计的测定要求。

配制一系列$[Cu(NH_3)_4]^{2+}$标准溶液：用分光光度计测定该标准系列中各种溶液的吸光度，然后以吸光度 A 为纵坐标，以相应的Cu^{2+}浓度为横坐标作图，得到的直线称为“工作曲线”（图 6-1）。工作曲线上每一吸光度值都对应一个相应的浓度值。

表 6-1　不同浓度下的吸光度值

编号	1	2	3	4
V_{CuSO_4} /mL				
相应的 $C_{Cu^{2+}}$ (mol/L)				
吸光度/A				

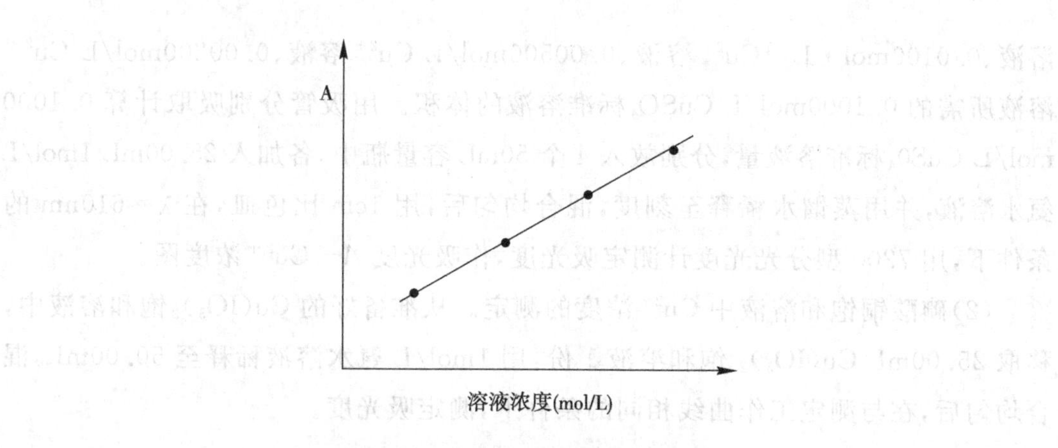

图 6-1　铜氨配离子的标准曲线

【仪器和试剂】

仪器：7200 分光光度计，容量瓶（50mL），吸量管（5mL，25mL），比色皿，烧杯（100mL），水浴锅，玻璃棒，漏斗架，长颈漏斗，锥形瓶（50mL）。

试剂：KIO_3(s)，$CuSO_4$溶液（1mol/L），$CuSO_4$标准溶液（0.1000mol/L），氨水溶液（1mol/L）。

【实验步骤】

1. 碘酸铜饱和溶液的配制

（1）$Cu(IO_3)_2$固体的制备。准确称取 2.14g KIO_3固体，加入 33mL 水，加热搅拌，使其完全溶解，再加入 6mL 1mol/L $CuSO_4$溶液，制备 1～2 g 干燥的 $Cu(IO_3)_2$固体，在水浴加热条件下（70～80℃）振荡，待其反应完全后，继续水浴加热，陈化 10～15min。待绝大多数沉淀都附着在烧杯底部后，采用倾滗法弃除体系中的水及残留溶液。其中，$CuSO_4$溶液稍过量，所得 $Cu(IO_3)_2$湿固体需用蒸馏水洗涤至无 SO_4^{2-}，备用。

（2）配制 $Cu(IO_3)_2$饱和溶液。取上述固体放入 100mL 锥形瓶中，加入 80mL 蒸馏水，边搅拌、边加热（70～80℃），并持续 15～20min，冷却，静置，过滤，滤液备用。

2. 溶度积的测定（标准工作曲线法）

（1）硫酸铜标准溶液准备工作曲线。计算配制 25.00mL 0.0150mol/L Cu^{2+}

溶液、0.0100mol・L^{-1} Cu^{2+}溶液、0.00500mol/L Cu^{2+}溶液、0.00200mol/L Cu^{2+}溶液所需的0.1000mol/L $CuSO_4$标准溶液的体积。用吸管分别吸取计算0.1000 mol/L $CuSO_4$标准溶液量，分别放入4个50mL容量瓶中，各加入25.00mL 1mol/L氨水溶液，并用蒸馏水稀释至刻度，混合均匀后，用1cm比色皿，在λ=610nm的条件下，用7200型分光光度计测定吸光度，作吸光度$A-Cu^{2+}$浓度图。

(2)碘酸铜饱和溶液中Cu^{2+}浓度的测定。从准备好的$Cu(IO_3)_2$饱和溶液中，移取25.00mL $Cu(IO_3)_2$饱和溶液1份，用1mol/L氨水溶液稀释至50.00mL，混合均匀后，在与测定工作曲线相同的条件下，测定吸光度。

【数据记录与处理】

(1)根据测得的A值，在工作曲线上找出相应的Cu^{2+}浓度。

(2)根据Cu^{2+}浓度，计算K_{sp}的数值。

【思考题】

(1)碘酸铜溶液未达饱和，或把碘酸铜固体带入吸出的清液中，对测定结果有何影响？

(2)除用比色法测外，还有哪些方法可测定碘酸铜的溶度积？

(3)假如在过滤$Cu(IO_3)_2$饱和溶液时，有$Cu(IO_3)_2$固体穿透滤纸，将对实验结果会产生什么影响？

(4)生成深蓝色的$[Cu(NH_3)_4]^{2+}$是比色法测定的基础，在测定工作曲线和未知溶液时，所用氨水浓度不同，对测定结果是否有影响？

附　7200型分光光度计的原理与使用方法

【原理】朗伯－比耳定律：$A=KcL=-\log I/I_0$。

【基本操作】

(1)接通电源，仪器预热20min。

(2)用波长选择旋钮设置所需的分析波长。

(3)将参比样品溶液和被测样品溶液分别倒入比色皿中，打开样品室盖，将盛有溶液的比色皿放入比色皿槽中，盖上样品室盖。

(4)将"%T"校具(黑体)置入光路中，在T方式下按"%T"键，此时显示"000.0"。

(5)将参比样品推(拉)入光路中，按"OA/100%T"键，调至"OA/100%T"，此时显示器显示"BLA"，直至显示"100.0%T"或"000.0A"后，将被测样品推(拉)入光路，这时便可从显示器上读得被测样品的透射或吸光值。

实验二十五　硝酸钾的合成及其定性分析

【实验目的】

(1)利用物质溶解度随温度变化的差别，学习用转化法制备硝酸钾。

(2)熟悉溶解、减压抽滤操作，练习用重结晶法提纯物质。

【实验原理】

本实验采用转化法，由 $NaNO_3$ 和 KCl 来制备硝酸钾，其化学反方程式如下：

$$NaNO_3 + KCl \rightleftharpoons NaCl + KNO_3$$

该反应是可逆的，因此，可以改变反应条件使反应向右进行。

表 6-2　$NaNO_3$、KCl、NaCl、KNO_3 在不同温度下的溶解度(g/100mL 水)

温度/℃	0	10	20	30	40	60	80	100
KNO_3	13.3	20.9	31.6	45.8	63.9	110.0	169	246
KCl	27.6	31.0	34.0	37.0	40.0	45.5	51.1	56.7
$NaNO_3$	73	80	88	96	104	124	148	180
NaCl	35.7	35.8	36.0	36.3	36.6	37.3	38.4	39.8

由表 6-2 中的数据可以看出，反应体系中 4 种盐的溶解度在不同温度下的差别是非常显著的，氯化钠的溶解度随温度变化不大，而硝酸钾的溶解度随温度的升高却迅速增大。因此，将一定量的固体硝酸钠和氯化钾在较高温度溶解后加热浓缩时，由于氯化钠的溶解度增加很少，随着浓缩，溶剂水减少，所以氯化钠晶体首先析出；而硝酸钾溶解度增加很多，达不到饱和状态，因而不析出。趁热减压抽

滤，可除去氯化钠晶体，然后将此滤液冷却至室温，硝酸钾因溶解度急剧下降而析出，过滤后可得含少量氯化钠等杂质的硝酸钾晶体，再经过重结晶提纯，可得硝酸钾纯品。硝酸钾晶体中的杂质氯化钠可利用氯离子和银离子生成氯化银白色沉淀来检验。

碱金属挥发性化合物在灼烧时，都能产生焰色反应：锂盐呈红色，钠盐呈黄色，钾盐呈紫色，因此，可用焰色反应来检测钾盐。同时，碱金属盐类的最大特征之一是易溶于水，并且在水中完全电离，仅有极少数的盐较为难溶。它们中的难溶盐有六羟基锑酸钠 $Na[Sb(OH)_6]$、醋酸铀铣锌钠 $NaZn(UO_2)_3(Ac)_9 \cdot 6H_2O$ 等，难溶的钾盐稍多，有高氯酸钾、酒石酸氢钾、钴亚硝酸钠钾等，钠、钾的一些难溶盐常用于鉴定钠、钾离子。

【仪器和试剂】

仪器：电子分析天平，控温电炉，烧杯，量筒等。

试剂：氯化钾，硝酸钠（工业级或试剂级），硝酸银（$0.1mol \cdot L^{-1}$）等。

温馨提示：硝酸钾为无色透明斜方或菱形晶体白色粉末，易溶于水，不溶于乙醇，在空气中不易潮解硝酸钾是强氧化剂，与有机物接触能燃烧或爆炸。硝酸钾多用于制造火药、玻璃，并可用作肥料和分析试剂等。硝酸钾是复合肥料，植物营养素钾、氮的总含量可达60%，具有良好的物理化学性质。在对硝酸钾进行实验需密闭操作，加强通风；操作人员必须经过专门培训，远离火种、远离易燃、可燃物，避免产生粉尘；避免与还原剂、酸类、活性金属粉末接触。硝酸钾的危害：吸入该硝酸钾粉尘对呼吸道有刺激性，高浓度吸入可引起肺水肿；大量接触可引起高铁血红蛋白血症，影响血液携氧能力，患者出现头痛、头晕、发绀、恶心、呕吐，重者出现呼吸紊乱、虚脱，甚至死亡；口服引起剧烈腹痛、呕吐、血便、休克、全身抽搐、昏迷，甚至死亡；对皮肤和眼睛有强烈刺激性，甚至造成灼伤；皮肤反复接触引起皮肤干燥、皲裂和皮疹。

【实验步骤】

1. 硝酸钾的制备

称取 8.5g 硝酸钠和 7.5g 氯化钾固体，倒入 100mL 烧杯中，加入 15mL 蒸馏水。将盛有原料的烧杯放在石棉网上，用可调温电炉加热，并不断搅拌，至杯内固体全部溶解，记下烧杯中液面的位置；当溶液沸腾时，用温度计测量溶液的温度，并记录，继续加热并不断搅拌溶液，当加热至杯内剩下溶液体积为原有体积的 2/3 时，烧杯内有晶体析出（晶体是什么？），趁热快速过滤（布氏漏斗在沸水中或烘箱中预热）；将滤液转移至烧杯中，并用 5 mL 热的蒸馏水分数次洗涤吸滤瓶，将洗液转入盛滤液的烧杯中，记下此时烧杯中液面的位置；当小火加热至滤液体积为原有体积的 3/4 时，将其静置在桌面上，当温度逐渐下降时，则晶体又复析出，观察晶体状态并抽滤，把硝酸钾晶体尽量抽干，得到的产品为粗产品；称量。

2. 硝酸钾的重结晶

除留下绿豆粒大小的晶体供纯度检验外，按粗产品∶水＝2∶1（质量比），将粗产品溶于蒸馏水中，加热，搅拌，待晶体全部溶解后停止加热；待溶液冷却至室温后抽滤，得到纯度较高的硝酸钾晶体；称量。

3. 产品的纯度检验

分别取绿豆粒大小的粗产品和一次重结晶得到的产品放入 2 支小试管中，各加入 2mL 蒸馏水配成溶液。在溶液中分别滴入 0.1mol·L^{-1} 硝酸银溶液 2 滴，观察现象，进行对比，重结晶后的产品溶液应澄清。若重结晶后的产品中仍然检验出含氯离子，则产品应再次进行重结晶。

4. 钾、钠离子的鉴定

(1)焰色反应。取一条镍铬丝做成环状，蘸以浓 HCl 溶液，在氧化焰中烧至近无色，再分别蘸以 NaCl 溶液、KCl 溶液在氧化焰中灼烧（观察钾盐的焰色时，应该用钴玻片滤光）。观察和比较它们的颜色有何不同。

(2)称取由步骤 1 中得到的 NaCl 及提纯的 KNO_3 各 0.5g，分别置于 2 支洗净的试管中，各加入 10mL 蒸馏水溶解，取溶液进行以下鉴定：Na^+ 鉴定，取 2 滴试液于离心管中，加醋酸铀铣锌试剂 8 滴，摩擦离心管壁，生成淡黄色

$NaAc \cdot ZnAc_2 \cdot 3UO_2(Ac)_2 \cdot 6H_2O$沉淀，示有 Na^+。反应须在尽量接近中性的溶液中进行，如溶液呈强酸性，应预先用稀氨水中和；K^+的鉴定，可等体积混合 KCl 溶液和饱和酒石酸氢钠溶液，观察产物的颜色和状态。

【注意事项】

(1)将硝酸钠和氯化钾固体倒入 100mL 烧杯中，加入蒸馏水溶解后进行加热时，需不停地搅拌，以防止晶体溅到烧杯的内壁或发生迸溅。

(2)趁热过滤时速度一定要快，最好在过滤前将布氏漏斗放在水浴锅中加热保温，这样可以避免 KNO_3损失。

【思考题】

(1)何谓"重结晶"？本实验都涉及哪些基本操作？应注意什么？

(2)溶液沸腾后为什么温度超过 100℃？

(3)能否将除去氯化钠后的滤液直接冷却以制取硝酸钾？

实验二十六　草酸合铜酸钾的制备及其组成的测定

【实验目的】

(1)进一步掌握溶解、沉淀、抽滤、蒸发、浓缩等基本操作。

(2)制备草酸合铜酸钾晶体。

(3)确定草酸合铜酸钾的组成。

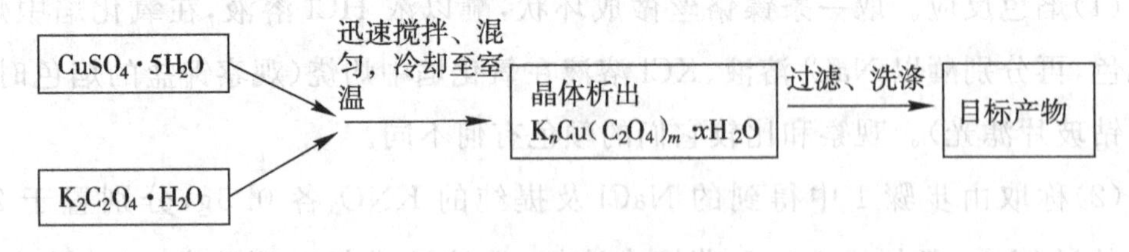

图 6-2　操作流程

【实验原理】

对目标产物进行干燥后，再进行组成分析。

在酸性介质中，用$KMnO_4$标准溶液滴定试样中$C_2O_4^{2-}$，根据$KMnO_4$消耗量可直接计算出$C_2O_4^{2-}$的含量，其滴定化学反应方程式如下：

$$2MnO_4^- + 5C_2O_4^{2-} + 16H^+ \rightleftharpoons 2Mn^{2+} + 10CO_2\uparrow + 8H_2O$$

在滴定的过程中，因$C_2O_4^{2-}$是以结合态存在的，故先用氨水与配合物草酸合铜酸钾反应，形成铜氨络离子，再用硫酸调节至成酸性，并释放出$C_2O_4^{2-}$离子。

用EDTA络合滴定法测定Cu^{2+}的含量，在pH=9的缓冲溶液中，以PAR为指示剂。PAR和EDTA都能与Cu^{2+}形成配合物，其稳定性为$CuY^{2-} > CuPAR^-$。因此，加入PAR后，它先与部分Cu^{2+}配位生成$CuPAR^-$(红色，pH<7)：

$$Cu^{2+} + HPAR^{2-} = CuPAR^- + H^+$$

当滴加EDTA溶液时，EDTA首先与游离的Cu^{2+}配位：

$$Cu^{2+} + HY^{3-} = CaY^{2-} + H^+$$

最后，夺取$CuPAR^-$中的Cu^{2+}，使PAR游离出来，溶液由红色变成绿色，到达指示终点：

$$CuPAR^- + HY^{3-} = CuY^{2-} + HPAR^{2-}$$

【仪器和试剂】

仪器：电子分析天平，塑料样品管，电炉，恒温水浴锅，酸式滴定管(50mL)，锥形瓶(250mL)，移液管(25.00mL)，容量瓶(100mL)，洗耳球，烧杯(100mL)，量筒(10mL)。

试剂：硫酸铜(s)，草酸钾(s)，PAR指示剂，$KMnO_4$标准溶液(0.02000 mol/L)，盐酸(2mol/L)，EDTA标准溶液(0.02000mol/L)，H_2SO_4(2mol/L)，氨水。

温馨提示：氨水($NH_3 \cdot H_2O$)又称“氢氧化铵”，为无色透明液体，是指氨气的水溶液，有强烈刺鼻气味，弱碱性。作为一种有毒的水溶液，氨水对人体的眼、鼻和皮肤都有一定的刺激性和腐蚀性。氨水中，氨气分子发生微弱水解，生成氢氧根离子及铵根离子。

【实验步骤】

1. 草酸合铜酸钾的制备

4g 五水硫酸铜 $CuSO_4 \cdot 5H_2O$ 溶于 8mL 温度为 363K 的水中，另取 12g $K_2C_2O_4 \cdot H_2O$溶于 44mL 温度为 363K 的水中，趁热在激烈的搅拌下迅速将 $K_2C_2O_4$溶液加入 $CuSO_4$溶液中，冷至室温，待有沉淀析出时，减压过滤，用 8mL 水分 2 次洗涤沉淀，将沉淀置于样品管中，干燥，备用。

2. 草酸合铜酸钾组成分析

(1)结晶水的测定。将 2 个干净的坩埚放入烘箱中，在 423K 下温度干燥 1h，然后放在干燥器中冷却 0.5h，称量。同法，再将其干燥 0.5h，冷却，称量，直至恒重。

(2)铜含量的测定。准确称取 0.17～0.19g 产物 2 份，加入 2mol/L 盐酸溶液 1mL，再加入 4 滴 PAR 指示剂 4-(2-吡啶基偶氮)间苯二酚，加入 pH=9 的缓冲溶液 10mL，加热至近沸，趁热用 0.02000mol/L 的 EDTA 标准溶液滴定至黄绿色，30s 不褪色即为滴定终点，记下消耗的 EDTA 溶液的体积，平行滴定 3 次。

(3)草酸根含量的测定。准确称取 0.21～0.23g 产物 2 份，分别用 2mL 的浓氨水溶解后，加入 22mL 2mol/L H_2SO_4溶液，此时会有淡蓝色的沉淀产生，稀释至 100mL；水浴加热至 343～358K，趁热用 0.02000mol/L $KMnO_4$标准溶液滴定至呈微红色(60s 不褪色)，沉淀在滴定过程中逐渐消失。

根据以上分析结果，计算出 H_2O、Cu^{2+} 和 $C_2O_4^{2-}$ 的含量，并推算出产物的实验式。

【思考题】

在测定 Cu^{2+} 含量时，加入的缓冲溶液的 pH 不等于 7，或缓冲溶液中的氨浓度过大，对滴定有何影响？为什么？

实验二十七　三草酸合铁(Ⅲ)酸钾的制备及其阴离子电荷数的测定

【实验目的】

(1)用硫酸亚铁铵制备三草酸合铁(Ⅲ)酸钾。

(2)用离子交换法测定三草酸合铁(Ⅲ)酸根离子的电荷数。

【实验原理】

三草酸合铁(Ⅲ)酸钾 $K_3[Fe(C_2O_4)_3]\cdot 3H_2O$ 是一种绿色的单斜晶体,溶于水而不溶乙醇,受光照易分解。本实验制备纯的三草酸合铁(Ⅲ)酸钾晶体,首先用硫酸亚铁铵与草酸反应制备出草酸亚铁:

$$(NH_4)_2Fe(SO_4)_2\cdot 6H_2O + H_2C_2O_4 = FeC_2O_4\cdot 2H_2O\downarrow + (NH_4)_2SO_4 + H_2SO_4 + 4H_2O$$

草酸亚铁在草酸钾和草酸的存在下,被过氧化氢氧化为草酸高铁配合物:

$$2FeC_2O_4\cdot 2H_2O + H_2O_2 + 3K_2C_2O_4 + H_2C_2O_4 = 2K_3[Fe(C_2O_2)_3]\cdot 3H_2O + H_2O$$

加入乙醇后,便析出三草酸合铁(Ⅲ)酸钾晶体。

用阴离子交换法测定三草酸合铁(Ⅲ)酸根离子的电荷数:将准确称量的三草酸合铁(Ⅲ)酸钾晶体溶解于水,使其通过装有国产 717 型苯乙烯强碱性阴离子交换树脂(氯型)$R\equiv N^+Cl^-$ 的交换柱,三草酸合铁(Ⅲ)酸钾溶液中的配阴离子 X^{z-} 与阴离子树脂上的 Cl^- 进行交换:

$$zR\equiv N^+Cl^- + X^{z-} \rightleftharpoons (R\equiv N^+)_z X^{z-} + zCl^-$$

只要收集交换出来的含 Cl^- 的溶液,用标准硝酸银溶液滴定(莫尔法)测定 Cl^- 的含量,就可以确定配阴离子的电荷数 Z:

$$Z=\frac{Cl^-\text{的物质的量}}{\text{配合的物质的量}}=\frac{Z_{Cl^-}}{Z_{K_3[Fe(C_2O_4)_3]\cdot 3H_2O}}$$

【仪器和试剂】

仪器:托盘天平,分析天平,称量瓶,酸式滴定管(50mL),锥形瓶(250mL),移液管(25.00mL),容量瓶(100mL),洗耳球,烧杯(100mL)等。

试剂:$(NH_4)_2Fe(SO_4)_2 \cdot 6H_2O$,$H_2SO_4$($1mol \cdot L^{-1}$),$H_2C_2O_4$(饱和溶液),$K_2CrO_4$(饱和溶液),$H_2O_2$,国产717型苯乙烯强碱性阴离子交换树脂(氯型),标准$AgNO_3$溶液(0.1000mol/L),5%K_2CrO_4(m),NaC1溶液($1mol \cdot L^{-1}$),铁氰化钾。

【实验步骤】

1.草酸亚铁的制备

在烧杯中加入5.0g $(NH_4)_2Fe(SO_4)_2 \cdot 6H_2O$固体、15mL蒸馏水和几滴$3mol \cdot L^{-1}$ H_2SO_4,加热溶解后再加入25mL饱和$H_2C_2O_4$溶液,加热至沸腾,搅拌片刻,停止加热,静置。待黄色晶体$FeC_2O_4 \cdot 2H_2O$沉降后,弃去上层清液,加入20～30mL蒸馏水,搅拌并温热,静置,弃去上层清液。

2.三草酸合铁(Ⅲ)酸钾的制备

在黄色晶体$FeC_2O_4 \cdot 2H_2O$沉淀中加入饱和$K_2C_2O_4$溶液15mL,水浴加热(35～40℃,可选定40℃);均匀滴加30%H_2O_2溶液1～1.2mL,不断搅拌溶液并维持温度在35～40℃;吸取少量悬浊液于白色的点滴板中,滴2滴1mol/L H_2SO_4,溶解得黄色液滴,加入几粒铁氰化钾晶体颗粒,若液滴变蓝,则Fe^{2+}存在,需继续滴加H_2O_2溶液并搅拌,直至检测不到Fe^{2+};滴加完后,将溶液加热至沸腾,以除去过量的H_2O_2。

待溶液冷却至80℃,不断搅拌,先一次性加入饱和$H_2C_2O_4$溶液5mL,然后继续慢慢滴加饱和$H_2C_2O_4$溶液,约3mL直至溶液完全变为翠绿色,再继续滴加2～3滴,此时溶液pH为3～4,用pH试纸准确测定,使溶液总体积在25mL以内。用表面皿盖好烧杯,静置,自然冷却(避光静置过夜),待晶体完全析出后抽滤,称重,计算产率,产品保留作测定用。

3.三草酸合铁(Ⅲ)酸根离子电荷的测定

(1)装柱。将预先处理好的国产717型苯乙烯强碱性阴离子交换树脂(氯型)

$R\equiv N^{+}Cl^{-}$装入1支20mm×400 mm的玻璃管中，要求树脂高度约为20cm，注意树脂顶部应保留0.5cm的水，放入一小团铜网，以防止注入溶液时将树脂冲起，装好的交换柱应该均匀无裂缝、无气泡。

(2)交换。用蒸馏水淋洗树脂床至流出的水不含Cl^{-}为止，再使水面下降至与树脂顶部相距0.5cm左右，即用螺旋夹夹紧柱下部的胶管。

称取1g(精准至1mg)三草酸合铁(Ⅲ)酸钾，用10～15mL蒸馏水溶解，全部转移入交换柱，松开螺旋夹，控制以每分钟3mL的速度流出，用100mL容量瓶收集流出液，当柱中液面下降离树脂顶命相距0.5～1cm，用少量蒸馏水(约50mL)洗涤小烧杯并转入交换柱，重复2～3次后再用滴管吸取蒸馏水洗涤交换柱上部管壁上残留的溶液，使样品溶液尽量全部流过树脂床。待容量瓶收集的液体为达60～70mL时，若检查出流出液不含Cl^{-}(与开始淋洗时比较)，将螺旋夹夹紧。用蒸馏水稀释容量瓶内溶液至刻度，摇匀，作滴定用。

准确吸取25.00mL淋洗液于锥形瓶内，加入1mL 5%(m) K_2CrO_4溶液，以0.1000mol/L $AgNO_3$标准溶液滴定至终点，记录数据。重复滴定1～2次，用1mol/L NaCl溶液淋洗树脂柱，直至流出液酸化后检不出Fe^{3+}为止，树脂回收。

【数据记录与处理】

(1)以表格形式记录本实验的有关数据。

(2)计算出收集到的Cl^{-}的物质的量浓度和配阴离子的电荷数。

【思考题】

(1)影响三草酸合铁(Ⅲ)酸钾产量的主要因素有哪些？

(2)三草酸合铁(Ⅲ)酸钾见光易分解，应如何保存？

(3)用离子交换法测定三草酸合铁(Ⅲ)酸钾配阴离子的电荷时，如果交换后的流出速度过快，对实验结果有什么影响？

实验二十八　纳米 TiO_2 的低温制备、表征及催化活性检测

【实验目的】

(1)学习蒸汽—水热法制备纳米 TiO_2 的基本过程。

(2)了解纳米材料表征的基本参数和数据处理方法。

(3)学习和了解一些现代仪器的基本情况。

(4)了解半导体光催化的基本原理及应用。

【实验原理】

1. 纳米 TiO_2 的制备

(1)以 $Ti(SO_4)_2$ 为钛源。其反应如下：

$$Ti(SO_4)_2+4H_2O=Ti(OH)_4\downarrow+2H_2SO_4$$

$$Ti(OH)_4=TiO_2+2H_2O$$

(2)以四钛酸丁酯(TBOT)为钛源。其反应如下：

$$Ti(OC_4H_9)_4+4H_2O=Ti(OH)_4\downarrow+4C_4H_9OH$$

$$Ti(OH)_4=TiO_2+2H_2O$$

(3)以 $TiCl_4$ 为钛源。其反应如下：

$$TiCl_4+4H_2O=TiOH_4\downarrow+4HCl$$

$$Ti(OH)_4=TiO_2+2H_2O$$

2. 光催化机理

TiO_2 光生空穴的氧化电位以标准氢电位计为 3.0V，比臭氧的 3.07V 和氯气的 1.36V 高许多，具有较强的氧化性。高活性的光生空穴具有很强的氧化能力，可以将吸附在半导体表面的 OH^- 和 H_2O 氧化，生成具有强氧化性的(·OH)。光生电子可将吸附在催化剂表面的分子氧转化成过氧根(·O_2^-)，最后生成具有强氧化性的(·OH)。同时，空穴本身也可以夺取吸附在 TiO_2 表面的有机污染物中的电子，使原本不吸光的物质能直接氧化。在光催化反应体系中，这两种氧化

方式可能单独起作用，也可能同时起作用。

【仪器和试剂】

仪器：X射线粉末衍射仪（XRD），透射显微镜（TEM），紫外－可见分光光度仪CXPS，X射线光电子能谱仪，内衬聚四氟乙烯的反应釜（100mL），内衬聚四氟乙烯的反应釜内胆（25mL），烧杯（50mL），玻璃棒，恒温箱，抽滤装置，圆柱形硬质石英瓶（70mL），容量瓶（50mL），搅拌子，自制光反应器，pH计，移液管（2mL），洗耳球，洗瓶，EP管（5mL），离心机。

试剂：$Ti(SO_4)_2$(s)，四钛酸丁酯（TBOT）(s)，HCl（浓），无水乙醇，$BaCl_2$溶液（0.01mol/L），$AgNO_3$溶液（0.01mol/L），罗丹明B(RhB)溶液（5.00×10^{-4}mol/L），磺酰罗丹明B(SRB)溶液（5.00×10^{-4}mol/L），高氯酸溶液（1∶100）。

【实验步骤】

1. 纳米TiO_2的制备（蒸汽－水热法）

(1)以$Ti(SO_4)_2$为钛源。配制10mL 0.4mol/L的$Ti(SO_4)_2$溶液，将10mL 0.4 mol/L的$Ti(SO_4)_2$溶液盛装于25mL反应釜内胆中，将5mL反应釜内胆置于装有20mL蒸馏水的100mL外胆高压反应釜中密封，置于恒温箱中，于180℃恒温反应12h。待反应釜自然冷却之后，取出反应釜内胆，得到的白色沉淀进行真空抽滤，用去离子水清洗，反复进行多次，利用$BaCl_2$溶液检测至无SO_4^{2-}为止，最后用无水乙醇清洗一次，于80℃干燥。

(2)以钛酸四丁酯（TBOT）为钛源。将10mL TBOT盛装于25mL反应釜内胆中，将25mL反应釜内胆置于装有20mL蒸馏水的100mL外胆高压反应釜中密封，置于恒温箱中，于180℃恒温反应12h。待反应釜自然冷却之后，取出反应釜内胆，得到的白色沉淀进行真空抽滤，用去离子水清洗，反复进行3次，最后用无水乙醇清洗一次，于80℃干燥。

(3)以$TiCl_4$为钛源。将TiCl溶液水解，盛装于25mL反应釜内胆中，将25mL反应釜内胆置于装有20mL蒸馏水的100mL外胆高压反应釜中密封，置于恒温箱中，于180℃恒温反应12h。待反应釜自然冷却之后，取出反应釜内胆，得到的白色沉淀进行真空抽滤，用去离子水清洗，反复进行多次，利用$AgNO_3$溶液检测至无Cl^-为止，最后用无水乙醇清洗一次，于80℃干燥。

2. 纳米 TiO_2 的表征

(1)利用 XRD 对纳米 TiO_2 进行晶型和粒径分析。利用 Scherrer 公式计算粉体的平均晶粒尺寸：

$$D_{平均}=K\lambda/\beta\cos\theta$$

式中，D 为晶粒大小，nm；K 为常数，$K=0.89$；λ 为 X 射线波长（$=0.15406$nm）；θ 为布拉格衍射角；β 为衍射角的半高峰宽。

(2)利用 XPS 对纳米 TiO_2 的价键结构进行分析。

(3)利用透射电镜分析纳米 TiO_2 的形貌和分散度。

(4)利用紫外—可见漫反射光谱分析纳米 TiO_2 的禁带宽度。

3. 光催化降解有机染料

纳米 TiO_2 对有机染料 RhB 及 SRB 的紫外光催化降解：在 70mL 圆柱形硬质石英瓶中加入 1.5mL 5.00×10^{-4} mol/L RhB 溶液，定容到 50mL，然后加入 10mg 纳米 TiO_2，用 1∶100 的高氯酸调节 pH 为 3.00，均匀混合后将其转入反应器中进行反应并计时，暗反应 30min 后，开始加外光，间隔一定的时间，取约 3mL 样品置于离心管中，8 000r · min^{-1} 离心 10min。测样品的吸光度，并作图。以同样的方法同时进行 SRB 的暗反应降解。

【数据记录与处理】

(1)光催化降解的动力学曲线分析。以 $t-(A_t/A_0)$ 作图，得出体系褪色率。

(2)XRD 分析晶相纳米 TiO_2 尺寸。纳米 TiO_2 的粒径分析（专用软件及 Origin 软件），利用 Scherrer 公式计算粉体的平均晶粒尺寸。

(3)利用 XPS 对纳米 TiO_2 的价键结构进行分析（专用软件及 Origin 软件）。

(4)利用透射电镜分析纳米 TiO_2 的形貌和分散度。

(5)利用紫外—可见漫反射光谱分析纳米 TiO_2 的禁带宽度（Origin 软件）。

【注意事项】

(1)使用内衬聚四氟乙烯的反应釜内胆反应时，压力较大，为防止发生意外，请注意溶液体积不要超过总体积的4/5。

(2)光催化活性实验中需注意所有降解实验都要在同一光照强度下进行。

【思考题】

(1)不同钛源对制得的纳米 TiO_2 的光催化活性有何影响?

(2)不同钛源对 TiO_2 的晶相、晶型、分散性等有何影响?

实验二十九　混合碱组成测定

【实验目的】

(1)了解测定混合碱的原理。

(2)掌握用双指示剂法测定混合碱的方法。

【实验原理】

在工业上,混合碱通常是 Na_2CO_3 与 $NaOH$ 或 Na_2CO_3 与 $NaHCO_3$ 的混合物,常用双指示剂法测定其含量,即在同一份溶液中,先后加入 2 种指示剂,用同一种标准溶液进行滴定,再分别测定各自含量的方法。其原理如下。

(1)试样若为 Na_2CO_3 与 $NaOH$ 混合物。NaOH 为一元强碱,它与强酸 HCl 的滴定反应在水溶液中进行,是所有酸碱反应中完全程度最高的,突跃范围最大,很容易准确滴定,到达化学计量点时 pH=7.0;而 Na_2CO_3 为二元弱碱,分 2 步解离,其 $K_{b1}^{\ominus}=2.08\times10^{-4}$,$K_{b2}^{\ominus}=2.33\times10^{-8}$ 且 $K_{b1}^{\ominus}/K_{b2}^{\ominus}\approx10^4$。由多元碱能被强酸滴定的条件 $cK_b^{\ominus}\geqslant10^{-8}$ 及能被分步滴定的条件 $K_{b1}^{\ominus}/K_{b2}^{\ominus}\geqslant10^4$ 可知,Na_2CO_3 第一步和第二步解离产生的 OH^- 均可勉强被分步滴定,有 2 个突跃。第一化学计量点产物 $NaHCO_3$ 为两性物质,终点时:

$$pH=\sqrt{K_{a1}^{\ominus}\cdot K_{a2}^{\ominus}}=\sqrt{\frac{K_{\omega}^{\ominus}}{K_{b2}^{\ominus}}\cdot\frac{K_{\omega}^{\ominus}}{K_{b1}^{\ominus}}}=-\lg\sqrt{4.2\times10^{-7}\times5.6\times10^{-11}}\approx8.3$$

如果以酚酞为指示剂,在酚酞变色(变色范围:pH 为 8.0~9.6)NaOH 被完全滴定,而 Na_2CO_3 被滴定至 $NaHCO_3$,滴定反应到达第一化学计量点。设此时用去的体积为 V_1(单位为 mL),其滴定反应为:

$$NaOH+HCl=NaCl+H_2O$$

$$Na_2CO_3 + HCl = NaHCO_3 + NaCl$$

到达第一化学计量点后，继续用盐酸滴定，则滴定反应为：

$$NaHCO_3 + HCl = NaCl + H_2CO_3$$

$$\hookrightarrow CO_2 + H_2O$$

到达第二化学计量点时产物为 $H_2CO_3(CO_2 + H_2O)$，在室温下，CO_2饱和溶液浓度约为 0.04mol·L^{-1}，因此，终点可近似按下式计算：

$$pH = -\lg\sqrt{cK_{a1}^{\ominus}} = -\lg\sqrt{0.04 \times 4.2 \times 10^{-7}} \approx 3.9$$

到达第一化学计量点后，可加溴甲酚绿－二甲基黄混合指示剂（变色 pH＝3.9）作指示剂，用 HCl 标准溶液继续滴定至溶液由绿色变为亮黄色。设此时所需的 HCl 标准溶液的体积为 V_2（单位为 mL）。V_1 为中和全部 NaOH 和一半 Na_2CO_3所需 HCl 溶液的用量，$V_1 > V_2$。因此，滴定 NaOH 所消耗的 HCl 溶液的用量为$(V_1 - V_2)$，滴定 Na_2CO_3所消耗的 HCl 溶液的用量为 $2V_2$，试液中各组分的浓度为：

$$c(NaOH) = c(HCl) \cdot (V_1 - V_2)/25.00$$

$$c(Na_2CO_3) = c(HCl) \cdot V_2/25.00$$

(2)试样若为 Na_2CO_3与 $NaHCO_3$的混合物，由于 Na_2CO_3比 $NaHCO_3$的碱性强，所以滴加的 HCl 首先和 Na_2CO_3反应，而 Na_2CO_3与 HCl 的反应是分 2 步进行的，因此，先以酚酞作指示剂，用 HCl 标准溶液滴定至溶液由红色变为无色时，Na_2CO_3被中和为 $NaHCO_3$，即达到第一化学计量点（pH 约为 8.3）：

$$Na_2CO_3 + HCl = NaHCO_3 + NaCl$$

此时消耗的 HCl 标准溶液的体积为 V_1。再加入溴甲酚绿－二甲基黄作指示剂，继续用 HCl 标准溶液滴定至第二化学计量点（pH 约为 3.9），溶液变成亮黄色，第一化学计量点生成的 $NaHCO_3$与原混合物中的 $NaHCO_3$都被中和，所消耗 HCl 标准溶液的体积为 V_2。

$$NaHCO_3 + HCl = NaCl + H_2CO_3$$

此时 $V_1 < V_2$，仅为 Na_2CO_3 转化为 $NaHCO_3$所需要 HCl 溶液用量，滴定 $NaHCO_3$所需 HCl 标准溶液的用量为 $2V_1$，滴定 $NaHCO_3$所需溶液的用量为$(V_2 - V_1)$，各组分的浓度为

$$c(Na_2CO_3) = c(HCl) \cdot V_1/25.00$$

$$c(NaHCO_3)=c(HCl)\cdot(V_2-V_1)/25.00$$

根据双指示剂法中消耗标准溶液的体积 V_1 和 V_2 的关系，可以判断混合碱的组成，即：

$V_1>V_2>0$	含有 Na_2CO_3 和 NaOH
$V_2>V_1>0$	含有 Na_2CO_3 和 $NaHCO_3$
$V_1=V_2\neq0$	只含有 Na_2CO_3
$V_1>0,V_2=0$	只含有 NaOH
$V_1=0,V_2>0$	只含有 $NaHCO_3$

【仪器和试剂】

仪器：酸式滴定管（50mL），锥形瓶（250mL），移液管（25mL），洗耳球，烧杯（100mL）。

试剂：混合碱溶液，HCl 标准溶液，酚酞指示剂，溴甲酚绿－二甲基黄指示剂等。

【操作步骤】

用 25.00mL 移液管移取混合碱试液 3 份，分别置于 3 个锥形瓶中，各加入 2 滴酚酞指示剂，用 HCl 标准溶液滴定至红色恰好消失，记下 HCl 标准溶液的用量 V_1（单位为 mL）。然后加入 2 滴溴甲酚绿－二甲基黄，继续用 HCl 标准溶液滴定至溶液变为亮黄色（接近终点时应剧烈摇动锥形瓶），记录 HCl 标准溶液的体积 V_2（单位为 mL）。计算混合碱溶液中各组分的浓度。

【数据记录与处理】

表 6-3　混合碱（Na_2CO_3＋NaOH）或（Na_2CO_3＋$NaHCO_3$）的测定数据

项目＼次序		Ⅰ	Ⅱ	Ⅲ
第一化学计量点（酚酞变色）	HCl 终读数/mL			
	HCl 初读数/mL			
	V_1(HCl)/mL			

续表

次序 项目		Ⅰ	Ⅱ	Ⅲ
第二化学计量点（甲基橙变色）	HCl终读数/mL			
	HCl初读数/mL			
	V_2(HCl)/mL			
混合碱组成				
混合碱中各组分浓度				
相对平均偏差				

【思考题】

(1)Na_2CO_3是食用碱的主要成分，其中常含有少量的$NaHCO_3$，问：能否用酚酞指示剂测定Na_2CO_3含量？

(2)为什么移液管必须要用所移取溶液润洗，而锥形瓶则不必用所装溶液润洗？

实验三十　鸡蛋壳的预处理及其钙镁含量的测定

【实验目的】

(1)进一步掌握络合滴定分析的方法与原理。

(2)学习固体试样的酸溶方法。

(3)训练对实物试样中某组分含量测定的一般步骤。

【实验原理】

鸡蛋壳的主要成分为$CaCO_3$，约占90%左右，其次为$MgCO_3$、蛋白质、色素以及少量的Fe、Al。由于试样中含酸不溶物较少，故可用盐酸将其溶解制成试液。试样经溶解后，Ca^{2+}、Mg^{2+}共存于溶液中。为提高络合选择性，在pH＝10时，加

入掩蔽剂三乙醇胺使之与Fe^{3+}，Al^{3+}等离子生成更稳定的配合物，避免指示剂形成封闭现象，以排除它们对Ca^{2+}，Mg^{2+}等离子测量的干扰。使溶液的pH≥12，以促进Mg^{2+}生成氢氧化物沉淀；以钙试剂作指示剂，用EDTA标准溶液滴定，可单独测定钙的含量。另取一份试样，调节pH＝10，用铬黑T作指示剂，EDTA标准溶液可直接测定溶液中钙和镁的总含量。由总含量减去钙量即得镁量。

【仪器和试剂】

仪器：电子分析天平(0.1mg)，碾钵，烧杯(250mL)，容量瓶(250mL)，酸式滴定管(50mL)。

试剂：HCl(6mol/L)，铬黑T指示剂，1∶2三乙醇胺水溶液，$NH_4Cl-NH_3\cdot H_2O$缓冲溶液(pH＝10)，NaOH溶液(100g/L)，EDTA标准溶液(0.01000 mol/L)，95％乙醇。

【实验步骤】

1.鸡蛋壳的预处理

先将鸡蛋壳洗净，加水煮沸5～10min，去除蛋壳内表层的蛋白薄膜，然后把蛋壳置于烧杯中用小火(或在105℃干燥箱中)烤干，在研钵中研成粉末。

2.试样的溶解及试液的制备

准确称取上述试样0.25～0.30g(精确到0.1g)，置于250mL烧杯中，加少量水润湿，盖上表面皿，从烧杯嘴处用滴管滴加5mL 6mol/L HCl溶液，使其完全溶解，必要时用小火加热(少量蛋白膜不溶)，待其冷却，转移至250mL容量瓶中，稀释至接近刻度线，若有泡沫，滴加2～3滴95％乙醇，泡沫消除后，滴加纯水至刻度线并摇匀。

3.Ca^{2+}、Mg^{2+}总含量的测定

用移液管准确吸取试液25.00mL，置于250mL锥形瓶中，投入一片pH广泛试纸，用NH_3(1∶1)调节到接近中性，加入蒸馏水20mL，摇匀；再加$NH_4Cl-NH_3\cdot H_2O$缓冲溶液10mL，摇匀；滴加3～4滴铬黑T指示剂，用EDTA标准溶液滴定至溶液由酒红色恰变纯蓝色，即达终点。根据EDTA标准溶液消耗的体积计算Ca^{2+}、Mg^{2+}总含量，以$CaCO_3$(mg/L)的含量表示。

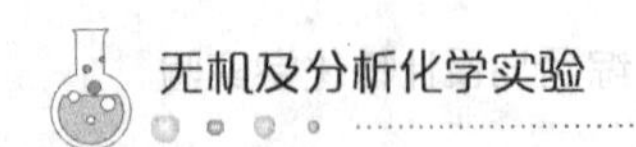

4. Ca^{2+}含量的测定

用移液管准确吸取25.00mL上述待测试液于锥形瓶中，加入20mL蒸馏水和5mL三乙醇胺水溶液，再加入10mL NaOH，约0.01g钙指示剂，摇匀后，用EDTA标准溶液滴定至溶液由红色恰变为蓝色，即为终点。根据所消耗EDTA标准溶液的体积计算Ca^{2+}含量，以$CaCO_3$(mg/L)的含量表示。

【思考题】

(1)将烧杯中已经溶解完全的试样转移到容量瓶以及稀释到刻度时，应该注意些什么问题?

(2)查阅资料，说明还有哪些方法可以测定鸡蛋壳中的Ca^{2+}、Mg^{2+}含量?

实验三十一　碱式碳酸铜的制备

【实验预习】

查阅资料，以获得下列信息：
(1)碱式碳酸铜的制备方法。
(2)合成原料的化学性质、溶解度数据。
(3)碱式碳酸铜的性质、含量分析方法。

【实验设计】

1. 拟定方案的思路

(1)选择制备方法。从相关资料获知，既可用固相反应，也可在水溶液中反应制备碱式碳酸铜。在水溶液中，又可用碳酸盐(铵盐、钠盐的正盐或酸式盐)为原料，与可溶性铜盐进行反应来制备碱式磁的铜。考虑到在水溶液中进行反应的影响因素较多，可以进行反应条件的探讨。由于碳酸钠的溶解度大，热稳定性高，所以宜选择碳酸钠溶液、硫酸铜溶液为原料制备碱式碳酸铜。

(2)选择实验的反应条件。因反应条件影响产物的组成、质量与反应物的沉降时间,故寻找最佳反应条件是本实验的关键。这里的反应条件是指反应物浓度、两者的比例、反应温度、反应液的 pH。当选择了碳酸钠为原料,溶液的 pH 则基本确定(工业生产中,控制 pH=8)。若选择反应物浓度为 0.5mol/L,则实验的任务就是寻找反应物的最佳比例和反应的最佳温度。

(3)确定实验内容。如果实验时间充裕,可进行其他实验,如探寻反应物的最佳浓度、最佳碳酸盐,用不同的可溶性铜盐或者在固相中进行反应。

(4)确定分析方法。铜的分析方法有碘量法、配位滴定法等,根据中华人民共和国石油化学工业部部颁标准,用配位滴定法分析。

2. 书写设计方案(略)

实验三十二　应用配位滴定法的设计性实验

【实验预习】

配位反应广泛应用于分析化学的各种分离与测定中,除做滴定反应外,还常用于显色反应、萃取反应、沉淀反应及掩蔽反应等。配位滴定法是以配位反应为基础的滴定分析法。配位滴定分析中所使用的氨羧配合剂对滴定反应条件要求十分严格准,在实验中要特别注意设计不同测试体系的实验条件。配位滴定分析的应用很广泛,可以用各种方式进行滴定,如直接滴定法、间接滴定法、返滴定法和置换滴定法。在实验中可以进行选择性滴定或分别滴定。本实验要求学生通过对配位滴定法课程和基础实验的学习,在教师的指导下,查阅参考资料,拟定实验课题,写出详细的实验报告,可从试剂的配制、操作步骤拟定,完成数据处理和实验报告。

【实验要求】

(1)设计报告,包括选题及配位滴定法的设计性试验方案的拟定 2 个部分,设计报告应写明实验原理、方法、步骤等,列出所需的实验用品。

(2)完成实验,提交详细的实验报告。

【思考题】

(1)用 EDTA 连续滴定 Fe^{3+}、Al^{3+},可以在什么条件下进行?

(2)根据金属离子形成配合物的性质,说明哪些配合物是有色的,哪些是无色的。

(3)Ca^{2+} 与 PAN 不显色,但当 pH 为 10～12 时,如加入适量的 CuY,则可用 PAN 作滴定 Ca^{2+} 的指示剂,其原理是什么?

实验三十三　应用氧化还原滴定法的设计性实验

【实验预习】

氧化还原滴定法是以氧化还原反应为基础的滴定分析法。氧化还原反应是基于电子转移的反应。由于氧化还原反应的反应机理比较复杂,许多反应的速度较慢,有时介质对反应也有较大的影响;有的反应除了主反应外,还伴随着各种副反应。因此,在应用氧化还原滴定法时,除从平衡观点判断反应的可行性外,还应考虑反应原理、反应速度、反应条件及滴定条件等问题。氧化还原滴定法的应用很广泛,可以用来直接滴定或间接滴定,也可以利用诱导反应对混合物进行选择性滴定或分别滴定。本实验要求学生通过对氧化还原滴定法课程和基础实验的学习,在教师的指导下,查阅参考资料,拟定实验课题,写出详细的实验报告,包括从试剂的配制到操作步骤的拟定,完成数据处理和实验报告。

【实验要求】

(1)设计报告包括选题及氧化还原滴定法的设计性实验方案的拟定 2 个部分。设计报告应写明实验原理、方法、步骤等,列出所需的实验用品。

(2)完成实验,提交详细的实验报告。

【思考题】

(1)常用氧化还原滴定法有哪几类？这些方法的基本原理是什么？

(2)应用于氧化还原滴定法的反应应具备什么条件？

(3)氧化还原滴定中的指示剂分为几类？如何指示滴定终点？

附 录

附录一 实验室常用酸碱的浓度

试剂名称	密度/(g/mL)	质量分数/%	物质的量浓度/(mol/L)
硫酸	1.83～1.84	95～98	18
盐酸	1.18～1.19	36～38	12
硝酸	1.39～1.40	65～68	16
磷酸	1.69	85	15
高氯酸	1.68	70～72	12
冰醋酸	1.05	99～99.8	17.5
氨水	0.88～0.90	25～28(NH_3)	14

附录二 常用酸碱指示剂

指示剂	变色范围 pH	颜色变化	配制方法
甲基橙	3.1～4.4	红→黄	0.1%的水溶液
酚酞	8.2～10.0	无→红	0.1 g 酚酞溶于 100mL 95%的乙醇
溴甲酚绿	3.8～5.4	黄→蓝	0.1 g 溶于 100mL 20%乙醇
二甲基黄	2.9～4.0	红→黄	0.1 g 溶于 100mL 95%乙醇
中性红	6.8～8.0	红→黄橙	0.1 g 溶于 100mL 60%乙醇
百里酚蓝	8.0～9.6	黄→蓝	0.1 g 溶于 100mL 20%乙醇

附录三 配位滴定指示剂

名称	颜色变化		配制方法
	游离态	化合物	
铬黑 T	蓝	酒红	0.5g 铬黑 T 溶于 25mL 三乙醇胺+75mL 乙醇
钙镁试剂	红	蓝	将 0.5g 钙镁试剂用水溶解并定容至 100mL
PAR	黄色(pH<7)	黄绿	将 0.2g PAR 溶于 100mL 乙醇
二甲酚橙	黄	红	0.2g 溶于 100mL 水

附录四 氧化还原指示剂

名称	颜色		配制方法
	氧化态	还原态	
二苯胺	紫	无色	1g 二苯胺在搅拌下溶于 100mL 浓硫酸和 100mL 浓磷酸中
二苯胺硫酸钠	紫	无色	0.5g 二苯胺磺酸钠溶于 100mL 水中
邻苯氨基苯甲酸	紫红	无色	0.2g 邻苯氨基苯甲酸加热溶解在 100mL 2g/L Na_2CO_3 中
淀粉	无色	蓝	0.5g 淀粉溶于 100mL 水中
邻二氮菲硫酸亚铁	浅蓝	红	0.5g $FeSO_4\cdot 7H_2O$ 溶于 100mL 水中，加 2 滴 H_2SO_4，加 0.5g 邻二氮菲

附录五 常用缓冲溶液的配置

缓冲溶液组成	缓冲 pH	缓冲溶液配制方法
NaAc－HAc	4.7	83g NaAc 溶于水中，加冰醋酸 60mL，稀释至 1L
NaAc－HAc	5.0	160g NaAc 溶于水中，加冰醋酸 60mL，稀释至 1L
NH_4Ac－HAc	6.0	600g NH_4Ac 溶于水中，加冰醋酸 20mL，稀释至 1L
NH_4Ac	7.0	77g NH_4Ac 溶于 500mL 水
NH_3－NH_4Cl	8.0	50g NH_4Cl 溶于水中，加 15mol/L 氨水 3.5mL，稀释至 500mL
NH_3－NH_4Cl	9.0	35g NH_4Cl 溶于水中，加 15mol/L 氨水 24mL，稀释至 500mL
NH_3－NH_4Cl	9.2	取 54g NH_4Cl 溶于水中，加浓氨水 63mL，稀释至 1L
NH_3－NH_4Cl	10	取 20g NH_4Cl 溶于水中，加浓氨水 100mL，稀释至 1L
NH_3－NH_4Cl	11	3g NH_4Cl 溶于水中，加 15mol/L 氨水 207mL，稀释至 500mL

附录六　混合酸碱指示剂

指示剂溶液的组成	变色点 pH	颜色		备注
		酸色	碱色	
4 份 0.2%溴甲酚绿乙醇溶液 1 份 0.2%二甲基黄乙醇溶液	3.9	橙	绿	变色点为黄色
1 份 0.1%甲基黄乙醇溶液 1 份 0.1%次甲基蓝乙醇溶液	3.25	蓝紫	绿	pH3.2 蓝紫色 pH3.4 绿色
1 份 0.1%溴百里酚绿钠盐水溶液 1 份 0.2%甲基橙水溶液	4.3	黄	蓝绿	pH3.5 黄色 pH4.0 黄绿色 pH4.3 绿色
3 份 0.1%溴甲酚绿乙醇溶液 1 份 0.2%甲基红乙醇溶液	5.1	酒红	绿	
1 份 0.1%溴甲酚绿钠盐水溶液 1 份 0.1%氯酚红钠盐水溶液	6.1	黄绿	蓝紫	pH5.4 蓝绿 pH5.8 蓝 pH6.2 蓝紫
1 份 0.1%中性红乙醇溶液 1 份 0.1%次甲基蓝乙醇溶液	7	蓝紫	绿	pH7.0 蓝紫
1 份 0.1%甲酚红 50%乙醇溶液 6 份 0.1%百里酚蓝 50%乙醇溶液	8.3	黄	紫	pH8.2 蓝紫 pH8.4 蓝紫 变色点为微红色

附录七　一些难溶化合物的溶度积(18～25℃)

化合物	溶度积	化合物	溶度积
AgBr	5.0×10^{-13}	$CuCO_3$	1.4×10^{-10}
AgCN	1.2×10^{-16}	CuC_2O_4	2.3×10^{-8}
Ag_2CO_3	8.1×10^{-12}	$CuCrO_4$	3.6×10^{-6}
$Ag_2C_2O_4$	3.4×10^{-11}	$Cu(IO_3)_2$	7.0×10^{-8}
Ag_2CrO_7	2.0×10^{-7}	$Cu(OH)_2$	2.2×10^{-20}
AgI	8.3×10^{-17}	CuS	6.3×10^{-36}
AgOH	2.0×10^{-8}	CuBr	5.3×10^{-9}
Ag_2S	6.3×10^{-50}	$Fe(OH)_2$	8.0×10^{-16}
Ag_2SO_4	1.4×10^{-5}	$Fe(OH)_3$	4.0×10^{-38}
$Al(OH)_3$无定型	1.3×10^{-33}	Hg_2S	1.0×10^{-47}

续表

化合物	溶度积	化合物	溶度积
$BaCO_3$	5.1×10^{-9}	Hg_2SO_4	7.4×10^{-7}
$BaCrO_4$	1.2×10^{-10}	$MgCO_3$	3.5×10^{-8}
$Ba(OH)_2$	5×10^{-3}	$Mg(OH)_2$	1.8×10^{-11}
$BaSO_4$	1.0×10^{-10}	$MnCO_3$	1.8×10^{-11}
$Ba(NO_3)_2$	4.5×10^{-3}	$Mn(OH)_2$	1.9×10^{-13}
$CaCO_3$	2.8×10^{-9}	$PbCO_3$	7.4×10^{-14}
$CaCrO_4$	7.1×10^{-4}	PbC_2O_4	4.8×10^{-10}
$Ca(OH)_2$	5.5×10^{-6}	$PbCrO_4$	2.8×10^{-13}
CaF_2	5.3×10^{-9}	$Pb(IO_3)_2$	3.2×10^{-13}
$Ca3(PO4)_2$	2.0×10^{-29}	PbS	8.0×10^{-28}
$CaSO_4$	9.1×10^{-6}	$PbSO_4$	1.6×10^{-8}
$CuCN$	3.2×10^{-20}	$Zn(OH)_2$	1.2×10^{-17}

附录八　一些单质和化合物的热力学数据(298.15K，100kPa)

化学式	状态	$\Delta_f H_m^\ominus$	化学式	状态	$\Delta_f H_m^\ominus$
Ag	s	0.0	HBr	g	−36.3
Ag	g	284.9	HCl	g	−92.3
Ag_2S	s	−32.6	HCl	l	−167.2
AgBr	s	−100.4	HClO	g	−78.7
AgCl	s	−127.0	$HClO_4$	l	−40.6
AgI	s	−61.8	HgO	s	−90.8
$AgNO_3$	s	−124.4	HgS	s	−58.2
$Al2O_3$	s	−1675.7	I_2	s	0.0
$AlCl_3$	s	−704.2	I_2	g	62.4
$Ba(OH)_2$	s	−944.7	KI	s	−327.9
$BaCl_2$	s	−855.0	KIO_3	s	−501.4
$BaCO_3$	s	−1213.0	KIO_4	s	−467.2
$BaSO_4$	s	−1473.2	$KMnO_4$	s	−837.2
CO_2	g	−393.5	KOH	s	−424.6
$Ca(OH)_2$	s	−985.2	$Mg(OH)_2$	s	−924.5

续表

化学式	状态	$\Delta_f H_m^\ominus$	化学式	状态	$\Delta_f H_m^\ominus$
$CaCO_3$	s	−1207.8	$MgCl_2$	s	−641.3
CaO	s	−634.9	$MgCO_3$	s	−1095.8
ClO_2	g	102.5	$MgSO_4$	s	−1284.9
$Cu(NO_3)_2$	s	−302.9	MnO_2	s	−520.0
$Cu(OH)_2$	s	−449.8	Na_2CO_3	s	−1130.7
Cu_2O	s	−168.6	Na_2O	s	−414.2
$CuCl_2$	s	−220.1	Na_2O_2	s	−510.9
CuO	s	−157.3	Na_2S	s	−364.8
CuS	s	−53.1	Na_2SO_4	s	−1387.1
$CuSO_4$	s	−771.4	$NaBr$	s	−361.1
Fe_2O_3	s	−824.2	$NaCl$	s	−411.2
Fe_3O_4	s	−1118.4	$NaHCO_3$	s	−950.8
$FeCl_3$	s	−399.5	$NaHSO_4$	s	−1125.5
FeO	s	−272.0	NaI	s	−287.8
$FeSO_4$	s	−928.4	$NaOH$	s	−425.8
H_2O	l	−285.8	NH_3	g	−45.9
H_2O	g	−241.8	NH_3	l	−80.3
H_2O_2	l	−187.8	NH_4Cl	s	−314.4
H_2S	g	−20.6	NH_4NO_3	s	−365.6
H_3PO_4	s	−1284.4	$(NH_4)_2SO_4$	s	−1180.9

参考文献

[1] 董顺福等. 大学化学实验[M]. 北京:高等教育出版社,2012.

[2] 何巧红等. 大学化学实验[M]. 北京:高等教育出版社,2012.

[3] 孙尔康等. 无机及分析化学实验[M]. 南京:南京大学出版社,2010.

[4] 李巧玲等. 无机化学与分析化学实验.[M] 北京:化学工业出版社,2012.

[5] 贾佩云等. 无机及分析化学实验[M]. 北京:化学工业出版社,2013.

[6] 董存智等. 大学化学实验教程(上)[M]. 合肥:安徽大学出版社,2005.

[7] 周锦兰,张开诚. 实验化学[M]. 武汉:华中科技大学出版社,2005.

[8] 刘春生等. 基础化学实验——无机及分析化学实验部分[M]. 天津:南开大学出版社,2001.

[9] 天津大学无机化学教研室. 大学化学实验[M]. 天津:天津大学出版社,2003.

[10] 冯莉等. 大学化学实验[M]. 徐州:中国矿业大学出版社,2005.

[11] 成都科学技术大学分析化学教研组,浙江大学分析化学教研组. 分析化学实验[M]. 北京:高等教育出版社,1997.

[12] 北京师范大学无机化学教研室. 无机化学实验[M]. 北京:高等教育出版社,2011.